AF322387

SCIENCE ANGLAISE

PARIS. — TYPOGRAPHIE WALDER, RUE BONAPARTE, 44.

SCIENCE ANGLAISE

SON BILAN AU MOIS D'AOUT 1868

RÉUNION A NORWICH

DE

L'ASSOCIATION BRITANNIQUE POUR L'AVANCEMENT
DES SCIENCES

PAR M. L'ABBÉ MOIGNO

PARIS

AU BUREAU DU JOURNAL *LES MONDES*

32, RUE DU DRAGON

ET CHEZ GAUTHIER-VILLARS, IMPRIMEUR-LIBRAIRE

55, quai des Grands-Augustins

1869

PRÉFACE

—

L'Association pour l'avancement des sciences, qui a bien voulu me compter au nombre de ses associés étrangers, est une institution unique au monde. Fondée par les savants les plus illustres de l'Angleterre : Buckland, Brewster, Airy, Sabine, Loyd, Hamilton, Robinson, Murchison, Faraday, Owen, Phillips, Fairbairn, etc., etc., elle se réunit chaque année dans une des grandes villes des Royaumes-Unis, sous la présidence de la plus grande notabilité scientifique du moment, ou de celui de ses membres, savant ou industriel, qui a jeté le plus d'éclat sur la ville, qui a l'honneur de donner l'hospitalité à l'Association. Le nombre de ses membres perpétuels, annuels, de passage, dépasse trois mille ; et, chaque année, de deux mille à deux mille quatre cents personnes prennent part aux réunions. Parmi ces visiteurs, accourus de tous les points de l'Angleterre, on compte souvent mille ladies, heureuses de payer la souscription de rigueur, un souverain (25 francs), pour se presser dans les amphithéâtres des sections entre lesquelles l'Association se partage : mathématiques et physique, chimie, biologie, géologie, géographie et ethnologie, mécanique. Chaque section a son président, choisi parmi les célébrités de la science, et chaque président, en prenant possession du fauteuil, énumère les progrès accomplis. L'Association met à l'étude, à la fin de la réunion, un certain nombre de recherches à l'ordre du jour, et les encourage par des allocations s'élevant quelquefois à trente mille francs. Elle publie chaque année, sous le titre de : *Reports and translations of the british Association*, Rapports et mémoires de l'Association britannique, un gros volume in-8°, quelquefois de 800 pages. Commencée en 1831, cette collection, devenue très-rare et très-chère, comprend aujourd'hui trente-sept volumes où tous les progrès accomplis dans cette longue période de temps sont fidèlement analysés. Un volume de tables des trente premiers volumes, publié en 1864, ajoute beaucoup à l'intérêt de cette importante encyclopédie moderne.

La réunion se tenait cette année à Norwich, chef-lieu du comté de Norfolk, à 175 kilomètres de Londres. Présidée par un botaniste éminent, enfant de la cité, M. Hooker, elle a été très-nombreuse et très-brillante. Je n'ai pas pu y assister, et, cependant, je m'étais promis d'en rendre un compte fidèle, pour payer au grand corps dont je suis membre un tribut d'honneur, et donner une idée aussi complète que possible de ses travaux. Plusieurs de mes amis, qui, plus heureux que moi, ont fait le voyage de Norwich, ont été quelque peu effrayés de la couleur que M. Hooker a donnée à son discours. Il n'a pas caché ses sympathies positivistes et darwinistes, et quelques autres savants se sont unis à lui pour donner essor aux tendances par trop matérialistes de certaines écoles modernes. Mais je pourrais constater avec bonheur qu'il a trouvé très-peu d'échos. Je publie intégralement son discours, très-savamment écrit, quoiqu'un peu obscur et vague. Les doctrines de Darwin, plus qu'hypothétiques, ne sont nullement ce que les ont faites, en France, des esprits légers et haineux ; elles n'affirment rien au fond que ne puisse admettre un philosophe chrétien. M. Hooker aussi se borne à dire que l'apparition de l'homme sur la terre a précédé peut-être de plusieurs mille ans l'époque historique, ce que nous pouvons très-bien lui accorder, en constatant qu'à l'heure qu'il est les grands faits de l'apparition récente de l'homme sur la terre, de l'unité des races, de la dispersion des peuples partis d'un même centre, sont affirmés par l'ethnologie, et ne sont nullement contredits par la géologie ou la paléontologie.

Avec le discours du président, je publie les discours des sept vice-présidents, parmi lesquels on remarquera celui de M. Tyndall ; les deux leçons du soir de MM. Huxley et Odling ; l'analyse, aussi complète que possible, car le volume des rapports ne sera publié qu'en août ou septembre, de toutes les communications faites aux sections ; enfin, un compte rendu du congrès international d'archéologie préhistorique, qui tenait ses séances à Norwich en même temps que l'Association britannique. C'est un tout complet et qui a l'avantage de mettre parfaitement en évidence la direction des esprits, en Angleterre, dans le domaine de la science pure et appliquée.

Cette *actualité* scientifique est un peu plus aride que ses aînées, mais ces longues et pénibles traductions ont été de ma part un travail de patience qui mérite sa récompense, et je compte sur l'ardeur que mettront à le faire connaître et à le recommander mes lecteurs toujours si sympathiques.

Pour effacer quelque peu le fâcheux vernis du positivisme de M. Hooker, je me suis permis de mettre en tête de ce petit volume l'examen d'un manifeste positiviste tout à fait récent. On me saura gré de plaider à la fois, avec vivacité, la cause de la science et la cause de la religion. — F. Moigno.

PROLOGUE.

—

Le discours prononcé par M. Gilbert Govi, à l'ouverture
des cours de l'Université de Turin, m'est tombé sous la
main. Je l'ai lu avec beaucoup d'attention ; il m'a attristé,
et j'ai résolu d'exprimer les causes de ma tristesse. Ce
n'est pas, à proprement parler, un discours ou une ha-
rangue ; en tous cas, ce ne serait point un discours acadé-
mique. C'est une prédication positiviste assez monotone, ou
mieux, c'est une allocution de vénérable de loge maçonnique, très-ami de la morale et de la vertu, mais très-
ennemi du surnaturel. Commentons-la !

« L'activité dans la nature, dit M. Govi, produit deux
« ordres distincts de faits : les uns, liés entre eux d'une
« même manière, invariablement, ou, du moins, depuis une
« longue série de temps ; les autres, indépendants, libres
« et arbitraires. L'ensemble des premiers constitue peu à
« peu LA SCIENCE, qui n'a pas à s'occuper des seconds. »

Si M. Govi disait : la *science* ou les *sciences physiques*,
passe encore ; mais la science, dans un sens absolu, c'est
par trop arbitraire ! La science, en général, est la connaissance des êtres, de leurs rapports, des moyens par
lesquels on peut agir sur eux. S'il n'y avait dans le monde
que des êtres physiques, l'étude des êtres physiques consti-
tuerait toute la science ; mais qui oserait faire ainsi, de
but en blanc, une profession de matérialisme grossier ? Il y
a évidemment, dans le monde, d'autres êtres que les substances physiques. Que les positivistes cessent donc de vouloir renfermer toute la science dans l'ensemble des faits
nécessaires ou invariablement liés entre eux.

M. Govi a une autre prétention singulière. Il convient
bien que le mot *loi* impose, de fait, à l'intelligence deux

termes également nécessaires : un *législateur*, qui formule les lois, et un être primitivement libre qui s'y soumet. « Mais, ajoute-t-il, *la science, en tant que science, n'implique pas l'idée d'un législateur.* » Ne serait-ce pas, précisément, parce que ce qu'il appelle les lois de la science ne sont que les faits des sciences physiques ? La raison qu'il prétend, lui, donner de cette exclusion est vraiment étrange. « Puisque, dit-il, *nous trouvons la substance de l'univers indestructible et active dans chacune de ses plus petites parties, nous n'avons nullement besoin d'une puissance créatrice et vivifiante pour comprendre l'allée et venue perpétuelle de formes et de mouvements d'où résulte la conception de l'univers.* » *Substance indestructible*, cela ne signifie rien. Dans le monde, les substances sont sans cesse détruites ! Les atomes seuls semblent être indestructibles, ou ne se perdent pas.

M. Govi, sans doute, aurait bien voulu dire : *substances éternelles*, ce qui seul dispenserait de la puissance créatrice ; mais il sait trop bien, par la mécanique, l'astronomie, la physique, la géologie, la géognosie, etc., etc., que le soleil et la terre n'ont pas toujours existé. Il sait encore mieux que le *mouvement*, ajouté à l'*inertie* des plus petites parties de la substance, n'est pas une *activité essentielle*, pouvant dispenser d'une puissance vivifiante ou d'un premier moteur. Ce passage de son discours est très-osé, mais très-vide de sens.

Cette exécution sommaire du législateur ou créateur rend cependant inquiète la conscience de M. Govi, et il a besoin, sinon de justifier, du moins d'expliquer sa pensée. « *Et qu'on n'élève pas*, dit-il, *d'accusation contre la science* (la science, toujours la science ! dites donc les *sciences physiques*), parce qu'elle écarte comme inutiles pour elle certaines *Notions* (*inutile la notion du Dieu créateur et législateur !*) appelées surnaturelles, précisément parce qu'elles ne sont pas tirées de la *nature !* La science ne les accueille ni ne les rejette, mais elle n'en sent pas le besoin et marche en avant... Vouloir les déduire d'elle serait absurde, puisque le SURNATUREL *ne peut pas dériver des* ÉLÉMENTS, *et en dériver* par des moyens purement *naturels.* »

Quel sophisme encore! Evidemment, le nécessaire ne dérive pas du contingent, ni le créateur de la créature, pas plus que la cause de l'effet; mais s'ensuit-il que l'esprit humain ne puisse pas et ne doive pas remonter du contingent au nécessaire, de la créature au créateur, de la cause à l'effet; et que cette ascension ne puisse pas, ne doive pas être l'objet d'une autre science aussi estimable que la *science physique*? Ce qui égare sans cesse M. Govi, c'est que la science physique est pour lui toute la science!

Il insiste, en nous opposant ce dilemme naïvement insidieux. « De fait, ou le législateur *sursensible* (placé au-« dessus des sens), va changeant librement et à l'imprévu « ses déterminations, et alors toute science est impossible, « ce qui ne s'accorde pas avec les faits; ou le *législateur* « est immuable, et alors peu importe à la *science* que l'inva-« riabilité des rapports soit voulue par un Etre en dehors de « la nature, ou par des activités libres qui sont dans la na-« ture et la constituent. »

La plume de M. Govi l'a trahi. Si cette *activité libre* était un attribut de la nature physique et la constituait, la science serait tout aussi impossible qu'avec le prétendu législateur changeant ses déterminations à l'imprévu. Mettre l'activité libre dans le monde matériel, c'est le nier et le détruire. Faites donc la science de la liberté humaine!

Je traduis textuellement le long passage qui suit, et qui est remarquable par sa bonhomie, c'est bien le langage protecteur et dédaigneux d'un vénérable de loge maçonnique.

« Si cependant la *prétendue* connaissance du législateur « servait à la manifestation des lois ou en rendait la dé-« couverte plus facile, les hommes studieux alors pourraient « accueillir les révélations du *Sursensible* avec une affection « reconnaissante, et arriver plus vite par elle à la connais-« sance du vrai. Mais aucune vérité naturelle ne s'est ma-« nifestée jusqu'ici à l'homme autrement que par l'observa-« tion et l'étude, donc la *science* (dites une fois au moins « les sciences physiques) peut, sans offenser les *croyances*, « ne pas s'occuper du *sursensible* qui n'a pas d'importance

« pour elle, et limiter ses recherches aux phénomènes de la
« nature, lesquels seuls peuvent conduire à la connais-
« sance de ce vrai qu'elle travaille à conquérir par tous ses
« efforts.

« Le savant ne fait pas la guerre à la foi, lorsque, en sa
« qualité de chercheur de la nature, il ne lui demande pas
« un appui que la foi ne peut pas lui donner. La séparation
« de la science et des croyances est rendue chaque jour plus
« nécessaire par le progrès intellectuel. Et il est temps que
« les savants et les croyants soient convaincus de cette né-
« cessité. Les temps d'Omar sont passés, et personne au-
« jourd'hui n'oserait plus soutenir imprudemment, ce que
« disait le calife, en incendiant les trésors de la sagesse
« antique : *Ou ces livres contiennent ce qui est renfermé*
« *dans le Coran et ils sont inutiles, ou ils contiennent autre*
« *chose, et alors ils sont mensongers et damnables.* Si Omar
« n'a pas dit cela, et si la bibliothèque d'Alexandrie n'a pas
« été détruite par lui, le dilemme a ailleurs assez de parti-
« sans et des partisans assez acharnés pour que l'histoire
« puisse accueillir ce récit comme un fait douloureux de
« divers âges et de diverses nations.

« Donc *les lois de la nature* sont les *relations essentielles et*
« *constantes des êtres de l'univers, et des relations ainsi faites*
« *n'ont pas besoin que quelqu'un les rapporte aux causes,*
« *parce que les êtres, par cela seul qu'ils sont, ne peuvent*
« *pas ne pas avoir de rapport entre eux.* »

Quelles contradictions, quelle audace, quel galimatias !

CONTRADICTION ! Pourquoi, si la science n'a pas besoin de
la foi, ce préambule hostile ? Pourquoi ne pas laisser entièrement de côté le Créateur, le législateur, le surnaturel,
le sursensible ? Pourquoi ne pas aborder directement la
science et le progrès ? Pourquoi s'obstiner à faire la science
athée ? Pourquoi ce parti pris de la rendre odieuse aux
âmes honnêtes et chrétiennes ?

AUDACE ! Omar, c'est évidemment l'Église. Le Coran, c'est
la bible ! L'Incendie, c'est l'Index. A part le fait unique de
Galilée, fait qui retombe autant sur tous les savants contemporains que sur les juges de l'inquisition, avons-nous

jamais fait cet odieux dilemme? Avons-nous redouté et repoussé la science? Que disons-nous sans cesse, au contraire, aux savants? Marchez en avant tête baissée, cherchez, étudiez, sondez, faites de l'analyse et de la synthèse, vous êtes nos frères, croissez par mille et par mille! Nous n'avons nulle peur de vous et de vos progrès! Les faits de la révélation ne peuvent pas être contraires aux faits de la nature! Et quand votre science sera parvenue à l'état de vérité pleinement établie, de théorie parfaitement certaine, nous vous montrerons jusqu'à l'évidence qu'elle est parfaitement d'accord avec notre foi! Vous, hélas! dans une fatale aberration d'esprit, vous faites tout ce que vous pouvez pour nous la rendre suspecte et odieuse! Nous, au contraire, quand le moment sera venu, nous saurons la justifier de vos accusations mensongères et faire resplendir son orthodoxie! De quel côté sont les amis véritables et sincères de la science, et me serait-il difficile de prouver que moi, humble croyant, prêtre fervent de la sainte Église catholique, apostolique, romaine, je l'ai incomparablement mieux servie et plus aimée que vous, qui dépensez ici vos forces dans un bavardage ridicule et déclamatoire.

GALIMATIAS! Écoutez ce raisonnement étrange:

« En outre, les êtres, dont l'ensemble constitue l'uni-
« vers, sont-ils libres ou contraints? Les notions que
« l'homme possède à leur sujet ne suffisent peut-être pas à
« nous l'apprendre! On comprendrait peut-être mieux la
« marche générale des phénomènes en supposant libres les
« seules *activités*, *atomes* ou *monades* (pour se servir de
« l'expression de Leibnitz). En effet, la liberté de vouloir
« n'excluant pas la persistance longue, voire même illimitée,
« dans une même détermination; un acte librement voulu
« pourrait assumer, par sa constance et sa durée, des appa-
« rences qui le feraient sembler nécessaire et forcé. Et ainsi
« la conception de la liberté et de l'activité spontanées ve-
« nant à s'ajouter à celle des éléments des choses, il ne
« semblerait plus *en dehors de la nature* (*fuor di natura*) de
« trouver dans le monde des êtres libres et actifs; et on

« mettrait fin ainsi, d'un seul coup, à l'ancienne guerre
« entre les *Matérialistes* et les *Spiritualistes*, guerre qui de
« nos jours semble vouloir se rallumer plus acharnée que
« jamais. »

Proclamer que le difficile est d'admettre dans la nature,
sans la nier, l'existence d'êtres libres ! Ne parvenir à résoudre
ce problème élémentaire qu'en dotant de liberté et de volonté, non pas les corps, les particules, les molécules des
corps, mais leurs atomes ou leurs monades ! N'est-ce pas là,
en effet, le galimatias le plus homérique qu'on puisse ima-
giner et le renversement de toutes les lois de la raison !
Pourquoi n'y aurait-il pas à la fois dans la nature et des
esprits ou êtres simples, actifs et libres, et des monades ou
atomes simplement mobiles et inertes, sans qu'on soit réduit à la nécessité extravagante de convertir la mobilité
en liberté et en volonté ! Mais ce n'est pas tout !

M. Govi n'aspire à rien moins qu'à faire de la science,
c'est-à-dire des sciences physiques, la source non-seulement
de toute vérité, mais de toute sainteté. Il tient, on le voit, à
continuer de mieux en mieux son rôle de vénérable de loge.

« *C'est une loi de la nature*, dit-il, *que la science et le perfectionnement matériel et moral de l'homme marchent inévi-
tablement unis.* »

MATÉRIEL ! Oui, jusqu'à un certain point, jusqu'à une certaine limite, car le progrès matériel exagéré et émancipé
de l'élément religieux conduira forcément à la barbarie !
Ne voyons-nous pas le paupérisme grandir à vue d'œil et
devenu un géant ?

MORAL ! Non, mille fois non, la science seule, sans la
foi, sans la grâce, est impuissante, en règle générale, à
faire un honnête homme.

M. Govi ose formuler ce principe : « La science et la
« domination de la nature acquises par le travail fatigant
« des penseurs, ou par la vertu occulte qui s'infuse en
« eux à l'imprévu, sont toujours associées d'une manière
« indissoluble avec les vertus domestiques et civiles, et
« avec tous les autres facteurs dont résulte la félicité

« des nations. » Quand il écrivait ces mots, il sentait lui-même qu'il disait le contraire de la vérité, qu'il méconnaissait entièrement la nature et les passions du cœur humain. Les écrivains du siècle d'Auguste, Lucrèce, Cicéron, Sénèque, Pline, etc., nous étonnent encore aujourd'hui par leurs aperçus scientifiques! Or, saint Paul, dans son Épitre aux Romains, a fait l'histoire des philosophes de ce grand siècle; c'est un témoin oculaire, pourquoi M. Govi ne l'a-t-il pas consulté avant d'écrire? Les sciences physiques et naturelles seront toujours, bon gré mal gré, l'apanage d'une tres-faible minorité! Les masses ne seront jamais savantes! Dans la théorie de M. Govi, la vertu serait donc aussi le partage du très-petit nombre! Est-ce que l'expérience de tous les jours ne nous prouve pas que la science et le vice font souvent très-bon ménage?

Ce brave Govi, il pousse vraiment la naïveté jusqu'à l'extrême quand il s'écrie : « Une heureuse disposition « d'âme peut rendre doux et juste celui qui vit dans « l'ignorance, mais le plus souvent la portion animale et « sauvage de l'homme, excitée et tourmentée par la vio-« lence des choses, auxquelles il ne sait pas opposer de com-« pensation, secoue le frein de la conscience et se révolte « contre le devoir. » Car c'est afficher la prétention incroyable que l'ignorance des sciences physiques et naturelles conduit, en cas général, à la révolte contre la société, et que la connaissance de ces sciences peut seule enchaîner les instincts sauvages de l'homme.

Il va plus loin encore! Il ose dire, page 34 : « *On ne peut pas supposer qu'un homme (à moins qu'il ne soit fou) veuille, le sachant, faire ce qui lui nuit directement ou par voie indirecte, en troublant le développement de l'Association à laquelle il appartient!* »

A ce degré, le positivisme est une folle utopie qui suppose l'ignorance absolue de l'homme et de l'histoire, qui refuse même volontairement de regarder en face le monde contemporain. S'il est un fait plus éclatant que le jour, c'est que l'homme, même instruit, même savant, est librement et fatalement suicide, homicide, patricide. Quoi, M. Govi ne connaît même pas le fameux mot d'Ovide qui est le grand secret des velléités humaines : *Video meliora proboque, deteriora sequor!* et ce cri de douleur du grand saint Paul : *Non enim quod volo bonum, hoc facio ; sed quod nolo malum, hoc ago!* Innocent !

Mais voici que M. Govi se fait l'apôtre et l'écho des blasphèmes de la morale indépendante : « *Donc c'est parmi les lois de la nature et non ailleurs qu'il faut chercher les lois capables de rendre l'homme meilleur et plus heureux. Peut-être même que la volonté humaine sera moins tentée de s'y soustraire quand elle saura que les lois ne lui sont pas imposées par un libre arbitre, mais qu'elles représentent les conditions indispensables à notre plein développement, à notre perfectionnement plus rapide!* » Utopie creuse ! Rêve insensé ! Aveuglément homicide !

J'aime et j'admire votre science, Govi, je la fais mienne autant et plus que vôtre. Mais de grâce, laissez-moi ma foi et mon Jésus rédempteur. L'histoire passée et à venir de l'humanité est tout entière dans ces deux lignes de saint Paul. Où Jésus-Christ n'a pas régné, où Jésus-Christ ne régnera pas, les délits abondent ou abonderont, et avec eux la mort ; où Jésus-Christ a régné, où Jésus-Christ régnera, la grâce sera victorieuse, et par la grâce la justice et la vie en ce monde et dans l'éternité.

Ils sont bien vieux, cher Govi et bien coupables, les apôtres de la morale indépendante ! Écoutez leur portrait et leur histoire tracés de main de maître, par un des plus beaux génies et des plus grands cœurs de l'humanité, saint Augustin : « Il a existé et il existera des philosophes em-
« pressés de persuader aux hommes de bien vivre, mais
« de ne pas être chrétiens ; dissertant des vertus et des
« vices avec une subtilité bruyante et rafinée ; divisant,
« disséquant, définissant, entassant les uns sur les autres,
« les raisonnements les plus pointus, remplissant des livres,
« faisant retentir bien haut, au son de la trompette, la
« sagesse qui déborde en eux, ardents à dire à leurs contem-
« porains : Si vous voulez vivre heureux, suivez-nous, atta-
« chez-vous à notre secte ! Hélas ! ils entrent dans le bercail,

« non par la porte, comme le bon Pasteur, mais par la
« fenêtre comme le loup dévorant. Ils veulent perdre, égor-
« ger et tuer ! »

Comme eux, leurs successeurs perdront, égorgeront,
tueront !

Voyez, cher Govi, combien est grande, à mon avantage,
la distance qui nous sépare. Moi, je veux avec vous la
science, je la veux plus que vous, je la veux sans réserve, à
la seule condition qu'elle soit un fait ou une loi certaine.
Mais j'aime plus encore, parce qu'elles sont d'un ordre plus
élevé, ma religion et ma foi ; et je suis sûr d'avance que jamais un fait ou une loi de la science ne seront opposés à
un fait ou à une loi de la révélation. Vous repoussez ma
religion et ma foi, parce qu'elles ne sont pas du domaine
de vos réactifs et de vos balances ; vous les repoussez, quoiqu'il soit démontré par la raison et par l'histoire que la foi
chrétienne contribue plus que la science à mettre l'humanité en possession de la vérité, de la vertu et du bonheur.

Mon drapeau est religion et science ! Le vôtre est *science
seule*, mais prenez-y garde, votre science seule est tôt ou tard
homicide ! Elle est sans cesse en contradiction avec elle-
même. Je vous en donne pour preuve ce que vous dites de
la *liberté de penser !* Vous l'élevez à la dignité de loi de la
nature ! Sans elle, dites-vous, il n'y a ni science, ni progrès, ni civilisation, ni bonheur. En apparence vous la
voulez absolue, et voici que vous ajoutez tout aussitôt : « *La
libre pensée n'est pas la faculté de faire passer à l'état d'acte
tous les conseils de l'esprit ; elle ne peut pas être la négation
des rapports et des liens entre les causes et les actions. Penser
librement signifie qu'on n'imposera pas de limites arbitraires
aux spéculations de la raison.* » Vous le voyez, votre liberté
de penser est, comme la mienne, une liberté limitée ; avec
cette différence que vous lui donnez pour correctifs les
rapports abstraits des êtres entre eux ; tandis que je me
borne à lui dire de prendre garde, de se défier d'elle-même,
quand elle se trouve en contradiction avec une autorité
infaillible ou avec des vérités incontestablement établies.
Les limites que j'oppose à la science et à la liberté de penser

sont simplement : les rivages où les mers viennent briser leurs flots impétueux ; les digues du fleuve qui ajoutent à la majesté bienfaisante de son cours ; les rênes du char qui servent à le défendre de l'abîme ; le frein du coursier qui le met dans l'impossibilité d'emporter et de tuer son cavalier. C'est la liberté du christianisme et de la vérité, et croyez-moi, cher Govi, il n'y a de liberté véritable que celle que le Fils de Dieu a apportée sur la terre !

Vous vous en approchez malgré vous quand vous accordez que la seule limite que l'homme ait le droit d'imposer, non pas à la pensée, mais aux actes (paroles et actions) de l'homme, surgit de la nécessité de faire respecter dans chacun la faculté de conserver et de perfectionner en soi le bénéfice de tous.

Vous nous conviez, en finissant, à l'époque où, grâce à la science, la prédominance de l'homme sur les choses, la sécurité de la vie, la rectitude, la bonté, l'amour, régneront sur la terre ; vous espérez qu'alors nos colères cesseront, que nous serons heureux et fiers de jouir de tous ces biens issus de la *science libre et seule* (*libera et sola*), que nous nous écrierons avec vous : LA SCIENCE (LIBRE ET SEULE) est POUVOIR et VERTU. Illusion ! illusion ! Cet âge d'or ne viendra jamais ! La science libre et seule sera de plus en plus l'AGE DE FER ! Dédaigneuse ou ennemie de la religion, elle sera bon gré mal gré dédaigneuse ou ennemie de l'humanité !

F. MOIGNO.

SCIENCE ANGLAISE

SON BILAN EN AOUT 1868

ASSOCIATION BRITANNIQUE POUR L'AVANCEMENT DES SCIENCES

RÉUNION DE NORWICH

DISCOURS DU PRÉSIDENT, E. HOOKER.

« Il y a eu ce matin trente années que j'assistais pour la première fois, à Newcastle, le 20 août 1838, à la réunion de l'Association britannique. Dans cette occasion, le conseil de l'Association résolut de recommander à Sa Majesté l'envoi d'une expédition aux régions antarctiques, sous le commandement du capitaine James Rosse ; et ce fut de Newcastle que j'annonçai à mes amis la résolution que j'avais prise de me joindre à l'expédition, quelle que fût la position en rapport avec mes aptitudes qui pût m'être faite parmi ses officiers. Ce fut ainsi que ma carrière scientifique se dessina pour la première fois ; et c'est à cette expédition, qui fut un des premiers résultats avantageux de l'Association britannique, que je dois l'honneur que vous me faites de m'appeler à monter dans cette chaire en qualité de votre président. Si maintenant, regardant en arrière avec quelque orgueil, je me reporte aux années qui suivirent immédiatement et

1

dans lesquelles j'eus ma part, quoique petite, dans la découverte du continent antarctique, du pôle magnétique du sud, des barrières polaires, des volcans couverts de neige de la Terre de Victoria, j'éprouve d'autres sentiments très-différents.

Trente années, les statisticiens nous l'apprennent, représentent la durée moyenne de la vie humaine ; et, je n'ai pas besoin de le dire, mesurée par les souvenirs de l'Association britannique, cette vie humaine est beaucoup plus courte ; car des quatorze officiers qui nous présidaient en 1838, deux seulement sont vivants : votre premier président, votre adhérent dévoué de trente années, sir Roderick Murchison, qui prononça le discours inaugural de Newcastle, et que sa santé, je le dis avec bien du regret, tient éloigné de la réunion actuelle ; votre fidèle et toujours vert secrétaire général, M. le professeur Phillips, que je vous félicite et que je me félicite de voir ici présent. Reportant mes regards sur vos annales au-delà des trente dernières années, je constate qu'elles furent des années heureuses pour vos présidents. Le travail de la préparation et du débit du discours inaugural incombait alors au trésorier, au secrétaire général, aux membres du bureau autres que le président ; le discours fait par le président date seulement de la réunion qui suivit celle de Newcastle. Dans les dernières années, ce discours a été considéré, sinon comme le devoir exclusif, du moins comme le devoir principal du président. Dans votre intérêt comme dans le mien, je voudrais qu'il n'en fût pas ainsi, parce qu'il est parmi vos officiers beaucoup d'hommes plus compétents que moi, et parce qu'il me semble que la responsabilité attachée à la préparation du discours impose des limites malheureuses au libre choix de votre président. Le sentiment général est que ce discours doit être un tour de force scientifique, philosophique et populaire, ou un ré-

sumé des progrès de l'une des branches les plus importantes
de la science; à ce point de vue, ce devoir m'a grandement
embarrassé, car je me sens incapable de répondre à l'une
ou à l'autre de ces exigences.

Dans diverses occasions, pendant les six derniers mois,
j'ai voulu répondre aux vœux des botanistes, mes amis,
en essayant de discuter les phénomènes du monde végétal
dans leurs rapports avec les sciences collatérales; ou d'esquisser, au moins partiellement, l'origine et les progrès de
la botanique scientifique dans le XIXe siècle, mais j'ai été
bientôt arrêté dans chacune de ces tentatives par la pression
de mes devoirs officiels. Ces sujets exigent beaucoup de recherches, des réflexions profondes et, par dessus tout, des
heures de loisir continues, pendant lesquelles l'esprit puisse
se concentrer tout entier sur la manière de traiter le sujet
et les matériaux à mettre en œuvre; or, ce loisir est in-
compatible avec l'exercice des devoirs imposés à l'administrateur d'un grand département public, condamné à une
correspondance incessante avec les bureaux du gouvernement et avec les établissements botaniques du monde entier. Et ce n'est pas pour moi seul que je dois implorer
votre indulgence, car il est dans cette assemblée des person-
nages officiels occupant de hautes positions scientifiques qui
ont accepté la présidence de vos sections, qui, quittant leur
poste pour répondre à votre appel, traînent après eux une
longue et lourde chaîne de correspondance, et font le sacri-
fice d'une bonne portion des jours si courts des vacances accordées aux employés de l'État. Après tout, ce sont des faits
et non des mots que nous attendons d'eux, et je suis fier de
voir vos sections présidées par des hommes qui ont noblement gagné leurs éperons dans les sciences qu'ils cultivent,
prêts à se fatiguer et même à s'épuiser, s'il était nécessaire,
dans les chaires qu'ils occuperont dès demain.

Pour ma part, je me propose de vous présenter d'abord quelques remarques sur diverses matières qui avaient fixé l'attention de votre conseil dans la réunion de Dundee; de vous parler ensuite des grands progrès que la botanique a faits dans ces quelques dernières années, ce qui, infailliblement, m'entraînera dans le darwinisme; après quoi, je ferai allusion à divers sujets liés à la science naissante de l'histoire primitive de l'homme, thème qui sera noblement discuté à Norwich, dans une réunion collatérale à la nôtre et simultanée. Si, dans tout ce que je vous dirai, je suis pour vous l'occasion d'un désappointement, je m'en consolerai par l'espoir que ma chute adoucira celle de quelque autre président à venir, qui, comme moi, aura toute la volonté, mais non pas tout le temps nécessaire pour répondre à votre si grande attente.

Avant de commencer, cependant, je dois vous signaler une circonstance qui préoccupe, sans doute, au plus haut degré les esprits de tous les assistants habituels de ces réunions annuelles. C'est que, sans un grave accident, vous verriez au milieu de vous, ce soir, le plus ancien survivant, et presque le premier des présidents de l'Association britannique. Mes amis les géologues comprennent que je fais allusion à ce roc de la science en qui ni l'âge, ni l'ardeur et la violence des chocs des controverses scientifiques n'ont opéré aucune métamorphose, n'ont développé aucun plan de clivage, à l'homme qui est à la fois la gloire de Norwich et de l'Association, à votre chanoine, à votre père, Sedgwich.

Mon premier devoir, comme président, est très-agréable; il consiste à vous présenter les membres du Congrès international de l'archéologie préhistorique, qui, sous la présidence de sir John Lubbock, lui-même un maître dans cette branche des connaissances humaines, ouvrira demain sa troisième session dans cette cité. Les recherches qui occu-

peront spécialement l'attention du congrès sont peut-être
les plus attrayantes de celles sur lesquelles les facultés de
l'homme se sont exercées. Poursuivies, comme elles le sont
maintenant, dans un esprit critique et de soumission nécessaire aux saines méthodes de la science, elles commande-
ront toutes les sympathies; et le congrès qui les poursuit
recevra de mes amis de l'Association britannique l'appui en
leur pouvoir. Il est, en particulier, une manière facile de lui
témoigner notre bonne volonté et de lui donner assistance,
c'est d'aller à la résidence officielle du congrès inscrire nos
noms sur ses registres et prendre nos cartes d'entrée à ses
séances.

Le second point sur lequel je dois appeler officiellement
votre attention intéresse autant les membres du congrès que
l'Association britannique; il est relatif aux démarches
d'une commission, chargée par votre conseil, de faire sentir
au secrétaire d'État pour l'Inde l'importance grande et ur-
gente de prendre activement les mesures nécessaires pour
obtenir un rapport officiel sur les formes physiques, les ma-
nières, les coutumes des populations indigènes de l'Inde, et
spécialement de ces tribus qui ont conservé, jusqu'à nos
jours, l'habitude d'élever des monuments en pierres gigantesques. Après mûre considération, la commission décida
qu'il serait mieux, au début, d'appeler seulement l'attention
du secrétaire d'État sur ces dernières tribus, d'abord parce
que l'enquête entière, provoquée par le conseil, est trop
vaste; puis, parce que le gouvernement indien fait en ce
moment de grands efforts d'ensemble pour obtenir à la fois
les photographies et l'histoire de toutes les tribus indigènes.
Ses efforts, en ce qui concerne les photographies obtenues
dans l'Inde, ont été éminemment heureux; et ce succès
rend plus sensible le désappointement causé par les descriptions heureusement anonymes dont les phothographies sont

accompagnées en Angleterre, et qui font si peu d'honneur à l'autorité qui leur a donné l'essor.

Plusieurs de ceux qui m'entendent n'apprendront certainement pas sans surprise qu'il existe, à 400 kilomètres à peine de la capitale des Indes, une tribu à demi sauvage, construisant habituellement des dolmens, des menhirs, des barrows, des cromlechs, presque aussi gigantesques, dans leurs proportions, et très-semblables, dans leur aspect et leur construction, aux monuments appelés druidiques de l'Europe occidentale ; et, ce qui est plus curieux encore, c'est que, quoiqu'ils aient été décrits et figurés il y a près de cinquante ans par le colonel Yule, l'éminent géographe de l'Orient, presque personne, à l'exception de sir John Lubbock, n'y a fait même allusion dans la littérature moderne des monuments préhistoriques. Dans le *Bengal Asiatic Journal* de 1844, vous trouverez la description, faite par le colonel Yule, du peuple appelé Khasia, dans le Bengale oriental, race indo-chinoise qui nourrit des vaches, mais sans boire de lait, qui mesure les distances par les bouchées de *pawn* mâchées en route, et chez lequel les liens du mariage sont si relâchés que le fils, communément, oublie son père, pendant que la sœur hérite de la propriété et du rang. M. le docteur Thomson et moi nous avons séjourné quelque temps au milieu de ce peuple, il y a aujourd'hui dix-huit ans, et nous avons trouvé le récit du colonel Yule exact dans toutes ses particularités. Les hauteurs ondulées de la contrée, quelques-unes de 1 500 à 2 000 mètres de hauteur au-dessus du niveau de la mer, sont parsemées de groupes de hautes colonnes quadrangulaires, en pierre non polie, et de tables en pierre supportées par trois ou quatre piliers grossiers.

Dans une enceinte, creusée au sein d'un sol sableux, nous trouvâmes un cercle presque complet de menhirs, de

10 mètres de hauteur, 2 mètres de largeur, 1 mètre d'épaisseur ; en avant de chaque menhir se trouvait un dolmen ou un cromlegh, formé de pierres gigantesques dans la même proportion ; la plus grande des tables mesurées jusqu'ici a 10 mètres de haut, 5 mètres de large et 60 centimètres d'épaisseur. Plusieurs des monuments que nous avons vus avaient été érigés tout récemment, mais non pas dans la saison des pluies que nous passâmes dans le pays. La méthode employée pour découper les blocs consiste à y creuser des rainures, à les entourer de feu, et, lorsqu'elles sont très-chaudes, à y verser de l'eau froide, qui détermine la rupture de la roche le long de la rainure ; les leviers et les cordes sont les seuls engins mécaniques servant à transporter et à dresser les blocs. Les motifs de leur érection sont variables : une sépulture, l'indication du lieu où certains événements publics se sont passés, etc., etc. C'est un fait curieux que le mot khasian, servant à désigner une pierre, *Man*, se rencontre aussi souvent dans les noms de leurs villages et des lieux que le mot *Man*, *Maen* et *Men* dans les villages et lieux de la Bretagne, des pays de Galles et de Cornwall, etc. Ainsi *Mansmai* signifie, en khasian, la pierre du chêne ; *Manloo*, la pierre du sel ; *Manflong*, la pierre du gazon ; et, juste comme dans le pays de Galles, *Pen maen mour* signifie la montagne de la grosse pierre ; comme, en Bretagne, un *menhir* est la pierre debout et un *dolmen* la table de pierre. A la date de la visite du colonel Yule, comme de la mienne, nos rapports avec ces peuplades étaient très-limités et parfois peu amicaux ; nous ignorions leur langue et ils sont d'ailleurs assez peu communicatifs. Dernièrement, cependant, le pays est devenu plus ouvert, et l'établissement, au milieu d'eux, d'un cantonnement anglais, donne plus d'importance encore à la recherche de leur origine, de leur langue, de leurs croyances, de leurs coutu-

mes, etc.; il est grandement à désirer qu'on y procède sans délai. C'est ce qui sera fait, grâce à votre intervention, et je ne doute pas que cette enquête jette une grande lumière sur cette branche importante et obscure de l'archéologie préhistorique : les monuments mégalithiques de l'Europe occidentale.

Le conseil de l'Association, à la recommandation de la section de biologie, avait demandé à une commission spéciale un rapport sur la question de l'administration des collections d'histoire naturelle du *British Museum*; cette commission chargea une députation de plusieurs de ses membres de représenter au premier ministre au nom de votre conseil, qu'il était grandement désirable que ces collections fussent placées sous la direction d'un seul administrateur qui en serait directement responsable auprès d'un des ministres de la couronne; et cette opinion fut partagée par l'imposante majorité des naturalistes anglais. Les raisons mises en avant étaient qu'on ne voit pas pourquoi les collections d'histoire naturelle seraient administrées autrement que celles des Jardins royaux de Kew, du Musée de géologie pratique, de l'Observatoire royal de Greenwich, etc.; et que l'interposition d'un bureau ou commission entre le surintendant des collections et le gouvernement gênait la responsabilité du surintendant et le contrôle efficace du ministre. Ce n'est pas la première fois que cette question était soumise au gouvernement de Sa Majesté, et de fait au même premier ministre; car il y a dix ans, un groupe de naturalistes formé de MM. Bentham, Bush, Darwin, Huxley, Carpenter et moi, auquel s'étaient adjoints les professeurs Lindley, Henslow, Harvey et Henfrey, présenta à M. Disraëli, premier ministre, alors comme aujourd'hui, un mémoire contenant précisément les mêmes vues relativement au gouvernement du département d'histoire naturelle, avec un plan d'administration de toutes les collections métropolitaines d'histoire naturelle, de géologie et de botanique. Je puis ajouter que ceux des signataires du mémoire qui vivent encore n'ont trouvé, dans les dix années écoulées, aucun motif de modifier l'opinion qu'ils exprimaient sur ce point capital. Plusieurs des objections les plus graves faites au système actuel du gouvernement par les *Trustees* ont été formulées par M. Andrew Murray, dans une communication faite à la section de biologie à Dundee ; j'ajouterai seulement que, quoique les collections zoologiques du *British Museum* soient les plus belles du monde, que les collections géologiques et paléontologiques aient pris une extension et une valeur incomparables, trois seulement des quarante-cinq *trustees* ou administrateurs responsables ont quelque connaissance spéciale des branches de la science que les collections confiées à leur soin doivent éclairer ; que depuis la mort de sir Joseph Bank, il y a près d'un demi-siècle, aucun botaniste n'a été nommé *Trustee* ; il en est résulté que l'Herbier et la Bibliothèque botanique de Bank, classés alors parmi les plus précieux de l'Europe, ont été grandement négligés par les hommes chargés de les garder. On a beaucoup écrit sur l'utilité des musées, il me semble cependant que le sujet est loin d'être épuisé, d'autant plus que dans l'état actuel de l'éducation dans ces contrées, ils m'apparaissent comme le seul moyen efficace d'enseignement pour les écoles de la zoologie et de la physiologie. Je dis dans l'état présent de l'éducation, parce que, je le crois, il se passera encore beaucoup d'années avant que nous ayons des maîtres et des maîtresses aptes à enseigner ces sciences, et beaucoup plus d'années avant que les écoles provinciales ou privées soient pourvues des échantillons nécessaires pour bien faire comprendre leur enseignement. Me bornant à la considération des musées provinciaux et locaux, et de ce qui leur est nécessaire dans un but d'éducation profitable, chacun d'eux doit contenir une série d'échantillons représentant les divisions principales et quelques-unes des divisions secondaires des règnes animal et végétal, disposés dans des cases bien éclairées, de telle sorte qu'un observateur attentif puisse apprendre les principes qui président à la classification des animaux et des plantes, les relations de leurs organes les uns avec les autres et avec les organes des espèces alliées, les fonctions de ces organes, et d'autres particularités relatives à leurs habitudes, à leurs usages, à leur place dans l'économie de la nature. Ce mode d'arrangement n'a encore été organisé dans aucun des musées que je connaisse, quoiqu'on s'en soit en partie rapproché à Ipswich. Il exige un certain espace, plusieurs tableaux ou dessins, des vues agrandies des petits organes et de leur structure, de nombreuses étiquettes descriptives très-lisibles, etc.; il ne doit contenir aucun spécimen en dehors du nécessaire. Les autres exigences d'un musée de province sont des collections complètes de toutes les plantes et de tous les animaux du pays, tenues complétement à part des séries d'instruction et de toute autre collection. Le directeur ou gardien doit être capable de donner des démonstrations élémentaires (non pas des leçons, et tout à fait en dehors des capacités qu'il peut avoir comme professeur) des séries classifiées aux élèves des écoles et à tous ceux qui consentiront à payer une rétribution destinée à couvrir les frais de l'établissement. Il faut, sous de semblables conditions de payement, que le musée puisse servir à des leçons ou d'autres démonstrations. Il existe aujourd'hui d'excellents manuels de plusieurs des branches de la géologie, qui rendront les plus grands services aux étudiants plus avancés et aux démonstrateurs; mais ils effrayent les élèves des écoles qui accueilleraient au contraire avec empressement des modèles ou des dessins comme autant de chevilles auxquelles leur mémoire rattacherait les idées, les faits et les noms barbares. Les squelettes exercent souvent une fascination étrange sur les élèves des écoles, et c'est d'eux surtout que dépendent les notions exactes sur la structure et la classification des vertébrés. Un enfant qui aura une fois vu leur crâne, ne prendra jamais un veau marin ou une tortue pour un poisson, et ne croira pas qu'un hérisson puisse traire une vache, comme beaucoup d'enfants, dans les comtés de Norfolk, de Suffolk et ailleurs, le croient, m'a-t-on dit, implicitement. Une série d'échantillons choisis, couvrant un mur de 80 mètres carrés, suffirait à donner, dans un examen rapide, une idée élémentaire et raisonnée de la classification et de la structure du règne animal tout entier ; elle serait par rapport à un musée complet ou au *système entier de la nature*, ce qu'une carte, où les villes principales et les lignes des côtes sont nettement tracées, est par rapport à une mappemonde surchargée de détails impossibles à distinguer. L'utilité des musées dépend en grande partie de deux conditions qu'on néglige souvent d'une manière incroyable : leur situation, leur éclairement et leur arrangement intérieur. Le musée de province est trop souvent installé à la hâte, presque hors de vue, dans un lieu de passage obscur, encombré, sale, où il paye un loyer cher, des impôts lourds, des taxes onéreuses, et ne peut recevoir aucune extension : on dirait que son but unique est d'attirer le peuple aux jours de marché. De semblables installations ne sont accessibles aux populations des villes que dans les heures de travail, quand par conséquent le temps leur manque pour les voir. Le soir et les jours de dimanche et de fête, alors qu'elles pourraient visiter les musées, elles préfèrent naturellement les alentours des villes à son centre. Voilà comment il arrive que la classe moyenne de la contrée connaisse rarement l'existence du musée ; et je ne me rappelle pas avoir entendu dire qu'un musée de province fût souvent fréquenté par les écoles; c'est le contraire qui est vrai. Je ne puis pas croire que cette ignorance ait pour cause, de la part des classes élevées et des maîtres, leur indifférence pour la science; et je suis forcé de l'attribuer au mauvais choix du contenu, en général très-peu instructif, des musées, et à son aspect extérieur et intérieur complétement sans attrait.

Le musée de Kew est fréquenté par une multitude de visiteurs de toutes les classes, malgré l'attrait si puissant des jardins; et il n'est pas pour moi de spectacle plus agréable que celui de ces salles encombrées, le dimanche et le lundi après midi, de visiteurs intelligents, appelant l'attention de leurs enfants sur les objets étiquetés des casiers. Le musée doit être bâti au centre d'un square ou d'un parc gazonné et planté d'arbres, au sein ou dans les faubourgs de la ville, maintenu toujours dans un parfait état de propreté, d'un aspect agréable et d'une étendue suffisante. Une végétation luxuriante est le meilleur obstacle au développement d'une poussière nuisible aux collections et incommode au public, tandis qu'une vue agréable, le gazon et les arbres, attirent les visiteurs, les familles surtout et les écoles. Si les conditions extérieures d'un musée provincial sont mauvaises, les conditions intérieures sont souvent plus mauvaises encore. Les salles ne sont ordinairement éclairées par des fenêtres que d'un côté, de sorte que les casiers entre les murs sont dans l'obscurité; que ceux qui sont opposés aux fenêtres réfléchissent la lumière quand on les regarde obliquement, et que, pour les regarder de face, le visiteur est forcé d'intercepter la lumière. Pour un musée de province, où l'espace ne manque pas, le plan le meilleur est celui de chambres rectangulaires allongées, avec des fenêtres des deux côtés opposés et des casiers s'étendant à travers la largeur de la salle dans l'espace entre chaque couple de croisées. Cette disposition a l'avantage de combiner l'économie de la place avec un éclairage parfait, et de donner toute facilité pour les classifications.

Au point de vue des collections d'histoire naturelle, la position du musée Britannique me semble tout à fait désavantageuse ; il est entouré de kilomètres de rues, comprenant les principaux lieux de passage de la métropole, dégageant nuit et jour, sur toute leur surface, des nuages de poussière et des produits de la combustion du charbon. Je ne connais pas de spectacle plus désagréable pour moi que celui que présente son intérieur mal éclairé par un jour d'été, le dimanche, alors que toutes les familles des faubourgs se précipitent en foule vers le vaste édifice. Il faut voir alors les jeunes et les vieux ouvrir largement la bouche dans les galeries pour aspirer un air impur et chaud, sans autre alternative que de revenir aux rues plus chaudes encore et plus poudreuses. Quelle énorme et heureuse différence si ces collections étaient entassées à l'une des extrémités de la ville, dans un des grands parcs, où l'on bâtirait des galeries spacieuses et bien éclairées, au milieu des arbres, des gazons et des fontaines ; où des familles entières ne seraient plus condamnées à rester emprisonnées pendant tout le jour ; mais pourraient se donner, à leur profit et au profit des collections, les bienfaits d'un air pur et frais. Mes remarques sur le British Museum ne doivent amener aucune réflexion moins bienveillante relativement aux administrateurs habiles qui', dans un temps aussi court, ont su former ces merveilleuses collections. Feu M. Lawrence, dans une leçon faite en 1815, félicitait son auditoire de la formation d'une collection zoologique que l'on venait de terminer ; en 1838, lorsque je visitai pour la première fois le musée de Old Montagne House, j'appris qu'il comptait parmi les six premiers musées de l'Europe, aujourd'hui, èt depuis plusieurs années déjà, on le considère comme le plus beau musée du monde. Ce progrès est dû à l'énergie et à l'habileté des gardiens et des curateurs ; en faisant mention de leurs bons services, je suis heureux de payer en passant mon tribut au mérite du vénérable docteur Gray, qui a dévoué sa vie au développement du département zoologique avec une droiture d'intention , une libéralité et un zèle au-dessus de tout éloge. A l'époque où Old Montagne House contenait les collections nationales , il n'y avait dans la métropole qu'un musée dans lequel les naturalistes pussent faire des études suffisantes. C'était le musée Huntérien du collége des chirurgiens, alors sous la direction de feu M. Clift et du professeur Owen, l'ami de ma première jeunesse, sous lequel je me préparai à accompagner l'expédition antarctique, et qui m'initia à l'usage de cette série sans rivale de catalogues en grande partie dressés par lui. Les musées nationaux et provinciaux d'Angleterre ont beaucoup à apprendre et à copier du musée du collége royal des chirurgiens; grâce à la sagesse et à la munificence du conseil du collége, ainsi qu'au zèle et à l'habileté du conservateur actuel, M. Flower, il a gardé la position prise par lui il y a trente ans, il reste la meilleure et la plus riche institution de ce genre en Europe.

Dans la science, objet principal de mes études, les plus grands progrès réalisés pendant les dix dernières années ont été faits dans le département de la botanique fossile et de la physiologie végétale. Dans l'histoire passée du globe, deux époques sont surtout prééminentes, l'époque carbonifère et l'époque miocène, par les matériaux abondants qu'elles fournissent et la lumière dont elles éclairent, par conséquent, les conditions primitives du règne végétal. Comment les plantes ont-elles pu se conserver en nombre beaucoup plus grand dans ces deux époques que dans les époques antérieures ou les époques plus récentes? Nous ne le savons pas exactement ; mais la pauvreté relative des flores de ces dernières époques est une des preuves les plus évidentes et les plus fortes de l'imperfection des archives géologiques. Notre connaissance des plantes du charbon, laquelle, aux jours des Sternberg, des Brongniart, des Lindley, des Hutton, avait été surtout avancée par Goeppert et Unger sur le continent, par Dawson au Canada, a reçu tout récemment des accroissements importants dus à l'énergie infatigable de M. Binney, de Manchester, qui a consacré près de trente années de sa vie à la recherche de ces échantillons bien rares qui manifestent la structure intime de la plante. La description soignée des plus abondantes, et, jusqu'à ses recherches, des moins comprises parmi les plantes des houillères, *les Calamites*, vient de paraître dans les mémoires de la Société paléontographique ; quelques-uns des matériaux de M. Binney ont aussi été le sujet d'un mémoire récent et précieux de M. Carruthers, du Muséum britannique. Je vais faire à la fois le résumé des résultats auxquels ils sont parvenus. Ils montrent : d'abord que les calamites sont un membre actuel de la famille existante des équisétacées, qui ne contenait primitivement qu'un genre, celui des *queues de cheval*, ou prêles, des bords de nos rivières et de nos bois ; puis aussi, que près d'une douzaine d'autres genres des plantes des houillères se rapportent à la même famille. Cette affinité des calamites avait déjà été entrevue ; mais les genres que nous venons de rappeler, fondés sur de simples fragments, restaient douteux ; et le mérite de ces identifications positives n'est par conséquent pas amoindri ; il faudra donner plus tard la signification de ce fait que ces calamites qui, à l'époque de la houille, prenaient des proportions gigantesques et montraient une multitude de formes et des organes très-variés de développement, sont maintenant représentées par un seul genre, dont la différence avec le prototype est très-remarquable par sa forme, par la simplicité et l'uniformité de ses organes végétaux.

Passant à l'époque tertiaire , les travaux du comte Saporta, en France, de Gaudin, Strozzi, Massalongly, en Italie; de Lesquereux, en Amérique, et surtout de Heer, en Suisse, ont, dans ces dernières années, accumulé en très-grand nombre les espèces de plantes fossiles. Si la détermination des affinités de la majeure partie de ces espèces est vraie, elles prouvent la persistance à travers tous les dépôts tertiaires de plusieurs familles ou genres intéressants, et la rareté relative des autres familles et genres. Les matériaux de quelque valeur pour la détermination des affinités de la grande majorité de ces plantes tertiaires ne sont guère que leurs feuilles mutilées; et, contrairement aux ossements des animaux vertébrés et des coquilles des mollusques, les feuilles des plantes individuelles sont extrêmement variables dans tous leurs caractères. De plus, les feuilles des plantes de différentes familles naturelles et de différentes contrées, se singent l'une l'autre à un tel degré, que, dans le cas de flores récentes, tous les botanistes considèrent ces organes comme un guide vraiment traître dans la recherche des affinités. On trouve à peine quelques traces dans les fossiles des caractères de structure tirés des organes intérieurs des plantes, spécialement des fruits, des semences et des fleurs; et cependant, c'est par eux exclusivement qu'on peut fixer la place d'une plante nouvelle dans le règne végétal.

Un exemple instructif de l'excès de confiance dans les feuilles, et peut-être aussi dans des idées préconçues, nous a été donné, il n'y a pas longtemps, par un paléontologue d'un mérite si distingué, que je ne ferai aucun tort à sa réputation en faisant allusion à sa méprise. Dans le cours de ses travaux sur quelques échantillons incomplets provenant d'une localité intéressante, il attribue les impressions de feuilles associées aux fossiles à trois genres de plantes appartenant à autant de familles différentes, et se trouve ainsi conduit à des conclusions d'une certaine importance relativement à la végétation de la période dans laquelle les dépôts avaient eu lieu. Un observateur venu après lui, botaniste, mais non paléontologue, déclara que ces trois prétendus *genres* étaient les empreintes des lobes des feuilles d'une plante unique, et que cette plante était la mûre ordinaire, qui croît toujours en ces lieux. Laquelle de ces déterminations est la vraie? Je ne saurais le dire; mais ce fait montre à quelles conclusions opposées les mêmes matériaux fossiles peuvent conduire deux observateurs différents. Dans la plus difficile des sciences, la botanique fossile, nous ne pouvons que marcher à tâtons au sein de l'obscurité. Parmi les mille objets, contre lesquels nous allons nous heurter, nous retrouvons çà et là quelque ressemblance avec ce que nous avons vu ailleurs, et nous saisissons cette similitude extérieure comme une main secourable nous conduisant à leurs affinités. Nous ne connaissons rien de certain de la grande majorité des échantillons, et la proportion de ceux que nous ignorons entièrement est très-forte. Si, cependant, il y a tant d'incertitudes, elles ne s'étendent pas à tout; la science a fait récemment des progrès véritables et assurés. Les travaux de M. Heer, spécialement sur les flores miocène et pliocène, sont d'une grande valeur et d'un grand intérêt. Ses conclusions, relativement à la flore de la houillère de *Bovery tracy* (dont nous devons la publication, sous une forme digne de leur valeur intrinsèque et du mérite de leur auteur, à miss Burdett Coutts), sont fondées sur un nombre suffisant de déterminations absolues ; sa *Flora Fossilis Arctica* menace de faire une révolution dans la géologie tertiaire. Dans ce dernier ouvrage, M. le professeur Heer montre, avec une évidence en apparence inattaquable, que les arbres des forêts de l'Australie, de l'Amérique et de l'Asie prospéraient, pendant la période miocène, dans l'Islande, le Groënland, le Spitzberg, les îles de l'Amérique polaire, à des latitudes où de semblables arbres ne peuvent pas exister, dans les conditions ou dans les positions relatives actuelles de terre, de mer et de glace ; de sorte qu'il est presque certain que la végétation arborescente s'est étendue autrefois jusqu'aux pôles. Des découvertes de ce genre semblent, au premier aspect, retarder les progrès de la science, en confondant tous les raisonnements géologiques antérieurs relativement au climat et à la condition du globe durant l'époque tertiaire.

J'ai dit que les plus grandes découvertes botaniques faites dans les dernières années l'avaient été dans le champ de la physiologie, et en parlant ainsi, je faisais allusion à la série des mémoires sur la fécondation des plantes que nous devons à M. Darwin. Vous savez que ce naturaliste, après avoir accumulé des provisions de faits géologiques et zoologiques, dans son voyage de circumnavigation autour du monde avec le capitaine Fitz-Roy, exposa la doctrine de l'évolution continue de la vie ; et développa, en lui appliquant les principes de la sélection naturelle, sa théorie de l'origine des espèces. Au lieu de publier ses vues aussitôt après les avoir conçues, il consacra vingt années de sa vie à des observations ultérieures, à des études, à des expériences, dans le but de les mûrir ou de les modifier. Parmi les questions qui avaient besoin d'être éclairées ou vérifiées, plusieurs appartenaient à la botanique, mais elles ont été négligées ou mal comprises par les écrivains botanistes ; et il s'est mis lui-même à les examiner vigoureusement. Les premiers fruits de son travail ont été son volume sur la *fertilisation des orchidées*, entrepris dans le but de montrer que la même plante n'est jamais fécondée d'une manière continue par son propre pollen, et qu'il existe certaines mesures favorables au croisement des individus. A mesure que son étude des espèces britanniques avançait, il prit tant d'intérêt au nombre, à la variété, à la complexité des artifices qu'il rencontra sur son chemin, qu'il étendit sa revue à la famille entière ; et il en résulta une œuvre dont on ne saurait trop dire qu'elle a jeté plus de lumière sur la structure et les fonctions des organes floraux des plantes de cette immense famille anomale, que ne l'avaient fait les travaux antérieurs de tous les écrivains botanistes. Il a plus tard ouvert un champ de recherches tout à fait nouveau, et découvert un nouveau principe important qu'il applique au règne végétal tout entier. Ce second mémoire (*Journal de la Société linnéenne*, t. VI, p. 77), fut suivi d'un troisième sur les deux formes bien connues de la primevère, désignée par les noms vulgaires de *pin-eyed* et *thrum-eyed* ; il montra que ces formes sont sexuées ou complémentaires ; que leurs fonctions différentes sont d'assurer par leur action mutuelle une fertilisation complète qu'il a prouvée ne pouvoir prendre place que par l'intermédiaire de l'action des insectes. Il établit dans ce mémoire l'existence parmi les plantes d'unions homomorphiques ou légitimes, hétéromorphiques ou illégitimes, et décrit en détail quelques observations curieuses de la structure du pollen.

Les résultats de ces recherches surprirent les botanistes plus encore que ses autres mémoires, tant ces plantes étaient familières à tous, ses deux formes de fleurs si bien connues de tout observateur intelligent, et l'explication de ces différences si simple. Pour moi, je l'avoue, mes connaissances botaniques relatives à ces fleurs domestiques n'étaient guère plus profondes que celles de Peter Bell, pour qui une primevère sur le bord de la rivière était une primevère jaune et rien de plus. Des observations analogues sur le dimorphisme des fleurs du chanvre et de ses analogues furent le sujet d'un troisième mémoire (*Journal de la Société linnéenne*, t. VIII, p. 169), dans lequel il consigna cette découverte merveilleuse que chez le chanvre commun, le pollen d'une forme de fleur est absolument impuissant quand on l'applique à ses propres stigmates, et invariablement fécond lorsqu'on l'applique aux stigmates de l'autre forme de fleurs ; et cependant, il est absolument impossible de distinguer sous le microscope le plus puissant les pollens et les stigmates des deux formes de fleurs. Son cinquième mémoire, très-long et très-élaboré (*J. de la Soc. linn.*, t. VIII, p. 169), traite de la salicaire commune (*Lythium salicaria*) qu'il a prouvée être trimorphique. Cette espèce unique a trois sortes de fleurs, toutes produites annuellement avec abondance, et aussi différentes les unes des autres que si elles appartenaient à des espèces différentes. Chaque fleur a, en outre, trois sortes d'étamines, de formes et de fonctions distinctes. Nous avons donc, dans cette plante, trois formes distinctes de style et six sortes de pollen dont cinq au moins sont essentielles à une fertilité complète.

Pour vérifier toutes ces différences et prouver que la coaptation, l'appropriation de toutes ces étamines, de tous ces pistils est essentiellement nécessaire à une fécondation complète, M. Darwin a dû faire dix-huit séries d'observations dont chacune a exigé douze expériences ; en tout deux cent seize. Le travail, les soins, la délicatesse nécessaires pour garantir ces observations contre la possibilité de toute erreur, ceux-là seuls peuvent en parler, qui savent par la pratique combien il est difficile de rendre hybride une plante à grandes fleurs d'une forme et d'une structure simples. Dans ce cas et dans plusieurs autres cas de plantes alliées, soumises en même temps à l'expérience, le résultat a été tel que l'avait prévu la sagacité de l'auteur ; la raison de tout a été démontrée, et il a fait voir finalement, non-seulement comment la [nature doit agir pour réunir ces modifications complexes dans une opération harmonieuse, mais comment elle le fait par l'entremise des insectes, et pourquoi elle le fait ainsi.

Il est impossible d'énumérer les nombreuses et importantes généralisations qui découlent de ces mémoires et de plusieurs autres de M. Darwin sur la fécondation des plantes : quelques-unes, qui semblent à première vue des lieux communs, sont en réalité les plus profondes. De même, plusieurs autres lieux communs apparents sont de ces choses qui, d'une manière ou d'autre, ne se présentent jamais à un esprit ordinaire : par exemple, le fait que des plantes ayant des fleurs à couleurs éclatantes, ou à odeurs fortes, ou sécrétant du miel, sont fécondées par des insectes ; que toutes les plantes à fleurs peu visibles, et surtout dont les anthères sont pendantes, ou le pollen très-peu adhérent, sont fécondées par le vent ; d'où il conclut qu'avant l'existence des insectes qui se nourrissent de miel, la végétation de notre globe ne devait pas être ornée de fleurs à couleurs brillantes, mais se composait de plantes telles que des pins, des chênes, des vignes, des orties, etc.

Le seul autre mémoire de M. Darwin sur la botanique auquel je puisse faire allusion est celui « Sur la constitution et les mouvements des plantes grimpantes (*Journal de la Société Linnéenne*, vol. IX, p. 1), étude faite avec le plus grand soin, de la structure, des modifications et des fonctions des divers organes par lesquels les plantes grimpent, s'enroulent et s'attachent aux objets étrangers. Dans ce mémoire, il passe en revue chaque famille du règne végétal, et chaque organe employé par chaque plante pour atteindre ce but. Le sujet se présente alors sous un point de vue entièrement nouveau. Les conjectures, les observations incomplètes, les expériences avortées qui défigurent les écrits des observateurs antérieurs ne comptent plus pour rien ; des organes, des structures et des fonctions dont les botanistes anciens n'avaient aucune connaissance leur sont révélés ; et, prises dans leur ensemble, ces recherches deviennent aussi claires qu'intéressantes et instructives. Le mérite de ces découvertes, qui ajoutent des chapitres entiers aux principes de la botanique, n'est pas seulement théorique ; déjà des horticulteurs et des agriculteurs ont commencé à les méditer et à reconnaître, dans l'insuccès de certaines récoltes, l'action des lois que M. Darwin a posées le premier. Ce que les découvertes de Faraday sont à la télégraphie, celles de M. Darwin le seront certainement à l'économie rurale dans son sens le plus large et dans son application la plus étendue.

Nous trouvons un autre exemple d'expériences heureusement réussies en botanique physiologique dans les observations de M. Spencer, sur la circulation de la séve et la formation du bois dans les plantes (*Linnean Transactions*, vol. XXV, p. 405). Comme on le sait, les tissus de nos herbes, de nos arbrisseaux et de nos arbres, depuis les extrémités de leurs racines jusqu'à celles de leurs pétales et de leurs pistils, sont pénétrés par des vaisseaux tubulaires. On a vivement disputé sur les fonctions de ces vaisseaux : quelques physiologistes affirment qu'ils servent à la circulation de l'air ou d'autres gaz ou fluides, d'autres leur assignent des rôles d'une nature entièrement différente. Par une série d'expériences admirablement imaginées et exécutées, M. Spencer n'a pas seulement montré que ces vaisseaux étaient chargés de fluide en certaines saisons de l'année, mais qu'ils se rattachaient intimement à la formation du bois. Il a étudié ensuite la nature des tissus spéciaux qui interviennent dans cette opération, et il a fait voir, non pas simplement comment ils peuvent agir, mais dans un grand nombre de cas comment ils agissent effectivement. Comme le président de la section de biologie parlera, je crois, spécialement de ce mémoire, je n'ai besoin de le signaler ici que pour le citer comme un exemple de ce que peut faire un observateur et un expérimentateur habile, versé dans la physique et la chimie, mais par dessus tout, parfaitement instruit des méthodes scientifiques.

Les deux volumes nouveaux de M. Darwin « Sur les animaux et les plantes domestiques » sont une catacombe de données, d'observations et d'expériences que certainement personne autre que lui ne pouvait produire. Il est difficile de dire si ces deux volumes sont plus remarquables par le nombre et la valeur des faits qu'ils révèlent, que par le groupement de petites observations, oubliées ou négligées par quelques naturalistes, dédaignées et rejetées par d'autres, et qui, à ses yeux et dans sa pensée, sont d'une importance de premier ordre pour la science. Un chirurgien et physiologiste éminent (M. James Paget) m'a fait remarquer, à propos de ces volumes, qu'ils mettent en évidence d'une manière très-frappante, cette faculté d'utiliser les matériaux perdus des laboratoires des autres savants, qui est le caractère propre de la manière de leur auteur. Ce beau volume, une des pièces justificatives de son précédent ouvrage, *l'Origine des espèces*, si longtemps et si impatiemment attendue, produira probablement une influence plus grande que celle qu'on en attendait, parce que la série de faits que l'auteur présente à l'appui de ses théories en imposera à certains naturalistes timides qui cachent des doctrines plus nuisibles

que celle de la sélection naturelle. C'est dans cet ouvrage
que M. Darwin expose sa nouvelle hypothèse de la pangénésie, qui a des rapports intimes avec les phénomènes de
reproduction et de transmission héréditaire, et contient
peut-être leur raison dernière. Vous savez que chaque
plante ou chaque animal commence sa vie plus ou moins
indépendante sous forme de cellule simple, d'où sort un
organisme plus ou moins semblable à celui de ses parents.
Un des exemples les plus frappants de ce mode de développement nous est offert, je crois, par une espèce de *begonia*,
dont les tiges, les feuilles et les autres parties sont parsemées
de cellules à leur surface. Chacune de ces cellules, placée
dans des conditions favorables, produit une plante parfaite,
semblable à ses parents. Vous pourriez dire que ces cellules
ont hérité de la propriété de se développer ainsi ; mais ce
n'est pas tout, car chaque plante ainsi produite développe
de la même manière sur ses tiges et ses feuilles des myriades de cellules semblables, douées de la même propriété
de devenir à leur tour de nouvelles plantes, et ainsi de suite,
probablemment à l'infini. Par conséquent, la cellule primitive, en quittant la plante mère, n'a pas seulement emporté
avec elle cette soi-disant potentialité, elle l'a multipliée et
distribuée, avec un pouvoir qui n'est en rien diminué, à
toutes les cellules de la plante produite par elle, et ainsi de
suite dans des générations sans fin. Qu'est-ce que cette potentialité, et comment est propagée cette puissance de reproduction, de telle sorte qu'un organisme puisse, par de
simples cellules, se multiplier si rapidement, et, dans des
limites très-étroites, si sûrement et si indéfiniment ?
M. Darwin propose cette explication : il admet que chaque
cellule ou fragment de plante (ou d'animal) contient des
myriades d'atomes ou de gemmules, qu'il suppose être sor-
ties des cellules séparées de la plante mère, et qui seraient

douées de la faculté de se multiplier et de circuler à travers la plante; il suppose que leur développement futur dépend de leur affinité pour d'autres cellules développées partiellement dans un ordre convenable de succession. Des gemmules qui ne se développent pas peuvent, suivant cette hypothèse, être transmises à travers plusieurs générations successives, ce qui nous permet de comprendre plusieurs cas remarquables de retour ou d'atavisme. Ainsi, dans cette hypothèse, les organes normaux du corps ne contiennent pas seulement leurs éléments ou principes constituants diffusés dans toutes les autres parties du corps, ils contiennent, en outre, les principes de leurs états morbides des maladies héréditaires, des difformités circulant actuellement dans le corps sous forme de gemmules morbides.

De même que pour les autres hypothèses fondées sur l'existence supposée de structures et d'éléments qui échappent à nos sens, en raison de leur extrême subtilité, l'hypothèse de la pangénésie sera adoptée par quelques esprits et repoussée par d'autres. Pour quelques-uns ces gemmules infiniment petites, en circulation incessante, se présenteront aux yeux de l'intelligence aussi nettement que les étoiles de la voie Lactée; d'autres aimeront mieux donner un corps à leur idée en l'exprimant par le mot *potentialité*, qui n'a pour l'esprit aucune signification définie et qui par cela même ne leur est que plus cher. Quelle que soit la valeur scientifique de ces gemmules, il n'en est pas moins certain que c'est à cet énoncé de la doctrine de la pangénésie de M. Darwin que nous devons le résumé le plus clair et le plus systématique que l'on ait formulé de plusieurs phénomènes merveilleux de reproduction et de transmission héréditaire; et dans l'état actuel de la science, on ne peut rien opposer à l'acceptation sous toute réserve de cette hypothèse, ou, si vous le voulez, de cette spéculation comme moyen de relier entre eux ces phénomènes. Le président de la Société linnéenne, naturaliste d'une circonspection proverbiale, exprime ainsi ses idées sur la pangénésie : « Si, dit-il, nous réfléchissons combien les signes et les symboles mathématiques nous donnent de facilité pour nous familiariser avec les nombres et les combinaisons, dont la réalisation actuelle est au-dessus de toute puissance humaine, combien sont inconcevablement petites ces émanations qui affectent si vivement le sens de l'odorat, et notre constitution ; et si, nous dépouillant de toute prévention, nous suivons pas à pas M. Darwin dans l'application qu'il fait de ses hypothèses aux faits dont nous sommes témoins, nous admettrons, je pense, qu'elles peuvent en expliquer quelques-uns, tout en étant incompatibles avec d'autres ; et il me semble que la pangénésie sera admise par plusieurs comme une hypothèse provisoire, qui devra être soumise à l'épreuve, et qu'on ne devra rejeter que lorsqu'on en aura proposé une autre plus plausible. »

Dix années se sont écoulées depuis la publication de l'*Origine des espèces par la sélection naturelle*, et il n'est pas trop tôt maintenant de demander quels progrès cette théorie hardie a faits dans l'estime des savants. Le plus répandu de tous les journaux, qui donne à la science une large place dans ses colonnes, l'*Athenæum* a dit tout récemment à tous les pays où la langue anglaise est parlée, que la théorie de M. Darwin était une vieillerie ; que la sélection naturelle déclinait rapidement dans la faveur des savants ; et que pour ce qui regarde les deux volumes mentionnés ci-dessus, sur les variations des animaux et des plantes domestiques, ils « ne contiennent rien de plus à l'appui de l'origine par sélection, qu'une affirmation nouvelle et plus détaillée de ses conjectures, fondée sur les prétendues variations des pigeons. »

Depuis que l'ouvrage sur l'*Origine des espèces* a paru, il

a eu quatre éditions anglaises, deux américaines, deux alle-
mandes, deux françaises, plusieurs russes, une danoise et
une italienne; et l'ouvrage sur les variations, qui a paru il
n'y a pas sept mois, a eu déjà deux éditions anglaises, une
allemande, une russe, une américaine, une italienne et une
française. La sélection naturelle, loin d'être une vieillerie,
est une doctrine acceptée par les naturalistes vraiment philosophes, en y comprenant, bien entendu, une proportion
considérable de savants qui n'admettent pas qu'elle explique
tout ce que M. Darwin prétend expliquer par elle. On voit
surgir chaque jour sur le continent des revues ayant pour
thème l'origine des espèces, et Agassiz, dans une de ses allo-
cutions à ses collaborateurs dans son expédition de
l'Amazone, appelle leur attention sur cette théorie comme
sur un des principaux objets de l'expédition qu'ils entrepre-
naient. Je n'ai pas besoin d'ajouter que parmi les naturalistes
éminents qui l'ont adoptée, on n'en connaît pas qui l'aient
abandonnée, qu'elle acquiert chaque jour de nouveaux
adhérents, et qu'elle est par excellence la théorie favorite
des écoles naissantes de naturalistes; peut-être même qu'elle
l'est beaucoup trop, car les jeunes gens sont prompts à accepter de pareilles théories comme articles de foi : qui ne sait
que la croyance des étudiants devient souvent le *shibboleth*
des professeurs de l'avenir. Les écrivains scientifiques qui ont
publiquement rejeté les théories de l'évolution continue de
la sélection naturelle, ou de toutes les deux, s'appuient sur
des raisons soit physiques, soit métaphysiques, soit à la fois
physiques et métaphysiques. Les arguments de ceux qui
s'appuient sur la métaphysique, sont d'ordinaire fortement
imbus de préjugés, ou même de haine, et comme tels,
ils doivent rester en dehors de l'enceinte de la critique
scientifique. Élève moi-même autrefois de philosophie morale, dans une université du Nord, j'ai commencé ma car-

rière scientifique plein de l'espoir que la métaphysique serait pour moi un Mentor utile, sinon tout à fait une science.
Mais j'ai bientôt reconnu qu'elle ne servait à rien, et je
suis arrivé depuis longtemps à cette conclusion, si bien ex-
primée par Agassiz, lorsqu'il dit : « Nous avons la confiance que le temps n'est pas éloigné où l'on comprendra
universellement que la bataille des évidences doit se livrer
dans le champ de la physique, et non sur celui de la métaphysique. (« Agassiz, sur la contemplation de Dieu, dans
le *Kosmos*, » *Christian Examiner*, 4ᵉ série, t. XV, p. 2.)
Plusieurs des objections des métaphysiciens ont été débat-
tues par le champion de la sélection naturelle, le fidèle champion de M. Darwin, Alfred Wallace, dans ses mémoires
sur la « Protection » (*Westminster Review*) et la « Création
de la loi, » etc. (*Journal of Sience*, octobre 1867), dans
lesquels les doctrines de « l'interférence continue » et les
« théories de la beauté, » sujets de la même famille, sont
discutées avec une sagacité, une science et une habileté
admirables. Il est difficile de parler sans enthousiasme de
M. Wallace et de ses contributions nombreuses à la biologie
philosophique; car, en outre de son grand mérite, il oublie,
dans tout le cours de ses écrits, avec une modestie d'autant
plus rare qu'il semble n'en avoir pas conscience, ses droits
incontestables à l'honneur d'avoir exposé le premier, indépendamment de M. Darwin, les théories qu'il défend avec
tant d'habileté.

Quant aux géologues, les adversaires de M. Darwin s'appuient principalement sur la perfection supposée des archives de la géologie; et, par suite, presque tous ceux qui
croient à leur imperfection, comme beaucoup aussi qui n'y
croient pas, acceptent les théories de l'évolution et de la sélection naturelle, en tout ou en partie; il n'est donc pas
douteux que M. Darwin a pour lui la majorité des géologues.

Parmi ceux-ci, il en est un qui compte pour une armée : c'est le vétéran sir Charles Lyell, qui, après avoir consacré des chapitres entiers des premières éditions de ses *Principes* à établir la doctrine des créations spéciales, l'a abandonnée dans la dixième, et cela, converti par un élève ; car, dans la dédicace de son premier ouvrage, *Le Voyage d'un naturaliste*, à sir Charles Lyell, M. Darwin assure que la partie principale du mérite que peuvent avoir ses travaux provient de l'étude qu'il a faite des *Principes de géologie*. Je ne connais pas d'exemple plus éclatant d'héroïsme que celui d'un auteur abandonnant ainsi, sur la fin de sa vie, une théorie qu'il a regardée pendant vingt ans comme le véritable fondement de l'ouvrage qui lui a donné la position la plus élevée qu'un savant puisse occuper. Il peut certes être fier, en effet, d'un édifice élevé sur les bases d'une doctrine incertaine, lorsqu'il reconnaît qu'il peut le reprendre en sous-œuvre, y substituer de nouveaux fondements aux anciens, et, après que tout sera achevé, contempler son œuvre devenue non-seulement plus solide, mais plus harmonieuse dans ses proportions qu'elle ne l'était auparavant. Les chapitres biologiques de la dixième édition des *Principes* sont certainement plus en accord avec les doctrines des changements lents, dans l'histoire de notre planète, qu'en désaccord avec les chapitres correspondants des premières éditions.

J'aborde, avec défiance de moi-même, les objections des astronomes contre ces théories ; celles formulées, dans la *North British Review*, avec une certaine véhémence sont, sous plusieurs rapports, la critique la plus habile de celles qui sont parvenues à ma connaissance. L'auteur a gardé l'anonyme. Je ne le connais pas, et je regrette de trouver que sa critique a cela de commun avec quelques autres très-habiles, qu'elle est défigurée par un dogmatisme qui

contraste défavorablement avec la manière circonspecte dont
M. Darwin expose ses principes et ses conclusions. L'auteur
débute, si je l'ai bien compris, en déclarant qu'il est peu
familiarisé avec la vérité et l'étendue des faits sur lesquels
les théories de l'évolution et de la sélection naturelle sont
fondées, et poursuit en disant : « L'édifice qui les a pour
base peut être discuté à part de tous les doutes qui obscur-
cissent encore les faits fondamentaux ! » Personne ne peut
contester ou restreindre la liberté de ce mode de discussion,
mais le biologiste pourra demander : à quel but ce genre de
discussion peut-il conduire ? Qui pourrait attacher beaucoup de poids au verdict d'un juge formulé sur l'évidence
de faits dont il ne connaît ni la vérité ni l'étendue ? Un enfant qui ne sait rien des mathématiques pourrait aussi bien
se mettre à vérifier la quarante-septième proposition du
livre d'Euclide ; il construirait des carrés correspondants
aux côtés du triangle rectangle ; puis, coupant les petits
carrés, il essayerait de faire entrer les morceaux dans les
grands. Ne réussissant pas à le faire avec exactitude, il
conclurait, relativement au théorème, comme le critique
dont nous parlons conclut relativement à la théorie de
Darwin, que c'est une spéculation ingénieuse et séduisante
indiquant à la fois l'ignorance de l'âge et l'habileté du savant. L'argument le plus formidable formulé par la critique,
c'est que l'âge du monde habité, tel qu'il résulte des calculs
de la physique solaire, se trouve limité à une période de
temps complétement inconciliable avec les vues de Darwin.
Cette objection aurait de la valeur si ces vues dépendaient de
celles d'une école de géologues, et si les CINQ CENTS millions
d'années, que le critique adopte pour l'âge du monde, était
une approximation véritable acceptée par les astronomes et
par les physiciens. Mais, en premier lieu, le critique admet
que la vitesse de changement dans les conditions de la sur-

face de la terre était beaucoup plus rapide au commencement que maintenant, et qu'elle a graduellement diminué depuis; mais il oublie cette coïncidence, que, conformément à tous les principes de M. Darwin, les opérations de la sélection naturelle ont dû être primitivement, dans les circonstances où il se place, relativement moins rapides. Et puis, ces hypothèses sur la solidité de la croûte terrestre, remontant à cinq cents millions d'années, ont-elles quelque probabilité? Dans son grand ouvrage, le critique admet comme possible des limites de 20 ou de 400 millions d'années; d'autres savants assignent au monde habité un âge qui dépasse de beaucoup les plus longues de ces périodes. Certainement, dans des estimations de la nature de celle-ci, basées sur des dates qui sont elles-mêmes hypothétiques à un haut degré, il n'est aucun principe dont nous puissions nous appuyer pour admettre que les spéculations de l'astronome soient plus dignes de confiance que celles du biologue. Un de nos anciens présidents, savant très-distingué, le professeur Whewell, a dit de l'astronomie : « qu'elle n'est pas un enseignement scientifique, mais qu'elle est une science parfaite, la seule branche des connaissances humaines dans laquelle nous pouvons complétement et clairement interpréter les oracles de la nature, de sorte que, à l'aide de ce que nous avons vérifié, nous pouvons prédire ce que nous n'avons pas encore vu! » Mais, en admettant pleinement et fièrement, ainsi que tout homme scientifique doit le faire, que l'astronomie est la plus certaine de toutes les sciences dans ses méthodes et ses données; qu'elle est un des plus grands tours de force de l'intelligence humaine, et que ses résultats surpassent de beaucoup en grandeur ceux de toute autre science, je crois qu'il nous est permis d'hésiter avant d'admettre sa royauté, sa perfection, ses droits exclusifs à l'interprétation et à la prophétie. Ses méthodes sont mathématiques; elle peut appeler la géométrie et l'algèbre ses servantes, mais elle n'en est pas moins leur esclave. Aucune science n'est, en réalité, parfaite; celle-là ne l'est point, certainement, qui s'est trompée de 3 000 000 de kilomètres sur la donnée fondamentale de la distance de la terre au soleil. Faraday et Von Heer n'ont-ils pas interprété aussi clairement et aussi pleinement les oracles de la nature? Cuvier et Dalton n'ont-ils pas prophétisé en vrais prophètes? Les prétentions à la royauté ne s'accordent guère avec l'esprit de la science; j'aimerais mieux comparer le domaine des sciences naturelles à une ruche dans laquelle chaque rayon de miel est une science, et dont la vérité seule est la reine.

Il me reste à dire quelques mots de certaines perspectives nouvelles, qui s'ouvrent devant la réunion de Norwich. Une nouvelle science a pris naissance parmi nous, l'histoire primitive du genre humain. L'archéologie préhistorique (en y comprenant comme elle fait l'origine du langage et des arts) est la dernière à se lever de la série des luminaires qui ont dissipé les brouillards des âges, et remplacé par des vérités scientifiques les traditions consacrées par le temps. L'astronomie a été sinon la reine, du moins la première en date des sciences; elle a la première arraché le flambeau des mains des maîtres dogmatiques, dédaigné la lettre qui tue et chéri l'esprit de la loi qui vivifie. La géologie est venue ensuite, mais non avant que deux siècles se fussent écoulés; et ce n'est que dans ces derniers jours qu'elle a réussi à dépouiller l'enseignement religieux des quelques toiles d'araignée des erreurs scientifiques. Elle nous a appris que la vie végétale et animale a précédé l'apparition de l'homme sur le globe de myriades, non pas de jours mais d'années; et nous pouvons conclure la date toute récente de cette connaissance acquise, du fait que, encore en 1818,

dans ses leçons, M. Lawrence disait, des races éteintes d'a-
nimaux, « qu'on pouvait supposer, avec une très-grande
probabilité, que leur existence à l'état vivant, était de date
plus ancienne que la formation de la race humaine. » Et
voici qu'en fin de compte cette nouvelle science proclame
que l'homme lui-même a habité la terre plusieurs milliers
d'années, peut-être, avant la période historique, résultat
très-peu prévu il y a seulement trente ans, quand, à Bir-
mingham (Report., p. 17), le Rév. W. V. Harcourt, dans
son discours à l'Association britannique, faisait remarquer
que « la géologie arrive à la conclusion que le temps pendant lequel le genre humain a existé sur le globe ne diffère
pas, matériellement, de celui qui est assigné par la Sainte
Ecriture, c'est-à-dire par ce qu'on appelle la chronologie de
la Sainte Ecriture, qui n'a pas sa consécration dans l'Ancien
Testament, et qui assigne 5874 ans à l'âge du globe habité.

L'archéologie préhistorique nous offre de nous conduire là où l'homme n'a jamais essayé de pénétrer. Pour-
rons-nous, en poursuivant ces recherches, séparer le côté
physique du côté spirituel ? Ce serait le désir suprême de
beaucoup d'hommes ici présents. Les séparer, c'est, il me
semble, chose impossible ; mais il est permis à tous de
tendre à découvrir des vérités communes qui les lient l'une
à l'autre. M. d'Israëli a très-bien dit, de toute vérité, qu'elle
est « la souveraine passion du genre humain. » Et je voudrais voir profondément gravée dans l'esprit de ceux qui se
livrent à ces recherches la conviction qu'il est grandement
à désirer que la religion et la science se parlent le langage
de la paix, et marchent, la main dans la main, dans les jours
et les générations à venir. On a beaucoup dit et écrit depuis
peu sur les attitudes respectives de la religion et de la
science. Mon prédécesseur, le duc de Bucleugh, dans son
discours de l'année dernière, en traitant ce sujet avec un

grand bon sens et beaucoup de tact, a très-bien montré que
le progrès des connaissances humaines serait plus rapide
si la religion et la science se traitaient mutuellement avec
considération et amitié. Pendant les premiers lustres de ma
vie scientifique, le mot *science* descendait rarement, à ma
connaissance, du moins, du haut des chaires des Iles britanniques. Dans les lustres qui suivirent, alors que l'influence des *Reliquiæ diluvianæ* et des *Traités de Brid-
gewater* se faisait encore sentir, je l'ai souvent entendu, et
on lui faisait toujours bon accueil. Actuellement, et depuis
quelques années, la science est plus fréquemment nommée
que jamais; mais trop souvent avec défiance et crainte, plutôt qu'avec confiance et bienveillance. Le révérend docteur
Hannah, dans un article plein de franchise et d'éloquence,
inséré dans la *Contemporary Review* (21 septembre 1867),
a cité une longue liste de membres éminents du clergé, de
toutes les communions, qui ont honoré la science, par leurs
écrits, et la religion, par leur vie. Je n'ignore pas leurs]tra-
vaux, et j'oublie moins encore les brillants exemples de
prédicateurs parfaitement instruits et élevés qui accordent à
la science le respect qui lui est dû ; mais M. le docteur
Hannah omet de faire remarquer que la majorité de ces
écrivains honorables et honorés n'appartient pas, à proprement parler, à l'enseignement religieux, et il ne nous dit
pas sous quel jour leurs écrits scientifiques sont vus par la
majeure partie du grand corps du clergé, de ceux surtout
qui résident spécialement dans les contrées auxquelles appartiennent les chaires d'où le nom de la science est tombé
et a été entendu d'une portion insignifiante de la population.

Pour revenir au point d'où nous sommes partis, laissons
chacun poursuivre la recherche de la vérité : l'archéo-
logue, dans la condition physique du genre humain; le

prédicateur et le professeur, dans son histoire et sa condition morale. Ce serait chose bien vaine que chacun se con-
tentât de regarder de loin les poursuites des autres, et, appliquant à son œil le télescope de son intelligence, se trouvât
heureux de voir combien ce qu'ils regardent est petit. Re-
chercher comment et d'où vient l'existence est un besoin
invincible de l'esprit humain. Pour le satisfaire, l'homme,
dans tous les âges et dans toutes les contrées, a adopté des
croyances qui embrassent l'histoire du passé avec celle de
l'avenir ; il a accepté avec ardeur les vérités scientifiques
qui confirmaient ses croyances. Et si ce n'était ce besoin invincible, je crois que ni la religion, ni la science n'auraient
autant conquis qu'elles l'ont fait l'estime de tous les peuples. La science, dans ses recherches, n'a jamais été un
obstacle aux inspirations religieuses des hommes bons et
fermes, et jamais les avertissements de la chaire, échos de
terreurs mal déguisées, n'ont détourné les esprits chercheurs
des révélations de la science.

La mer des temps a couvert l'intervalle entre la période
à laquelle remontent les premières traditions de nos ancêtres, et la période beaucoup plus ancienne de la première
apparition de l'homme sur le globe. Pour se guider sur cette
mer, l'homme interroge en vain ses maîtres spirituels. La
science lui offre maintenant de le piloter sur ses rivages,
sinon à travers son immensité. Chaque nouvelle découverte
relative à l'homme préhistorique est une jetée bâtie sur un
rocher que ses marées ont mis à nu, et de cette jetée s'élan-
ceront un jour les arches du pont qui lui donnera un nouvel accès dans ses abîmes. La science, il est vrai, ne pourra
jamais sonder la profondeur de cette mer, elle ne pourra
jamais, ni faire flotter ses bouées sur ses bas-fonds, ni découvrir ses criques les plus étroites ; mais elle ne cessera
pas de bâtir sur chaque rocher que les eaux auront mis à

découvert; et elle ne croira pas sa mission remplie tant qu'elle n'aura pas interrogé ses profondeurs accessibles, atteint ses lointains rivages, ou prouvé que les unes sont insondables et les autres non accessibles, d'une évidence qui ne s'est pas encore révélée à l'esprit humain. Et si dans ses nobles efforts chacun est convaincu que c'est un but commun à la religion et à la science de chercher à comprendre l'enfance de l'existence humaine, que les lois de l'esprit humain ne sont pas étrangères aux maîtres de la science, et que les lois de la matière ne sont pas dans le domaine des maîtres de la religion, les uns et les autres pourront travailler de concert et pleins de bonne volonté mutuelle. Mais pour qu'ils travaillent ainsi en harmonie, les deux partis devront se mettre en garde contre la plus dangereuse des armes à deux tranchants, la théologie naturelle, science indigne de ce nom, quand, non contente de repousser, pleine de confiance en elle-même, les vérités hostiles à tous les drapeaux qu'il lui plaît d'élever, elle prétend peser l'infini dans la balance du fini ; et change à tout instant de terrain pour combattre chaque fait nouveau établi par la science, et défendre chacune des vieilles erreurs que la science a démasquées. Poursuivie dans cet esprit, la théologie naturelle est pour l'homme scientifique une tromperie, pour l'homme religieux un piége, et conduit trop souvent au trouble de l'intelligence ou à l'athéisme. Un de nos plus profonds penseurs, M. Herbert, a dit dans son livre des *Principes*, seconde édition, page 45 : « S'il y avait lieu à réconcilier la science et la religion, la base de la réconciliation devrait être ce fait le plus profond, le plus large et le plus certain de tous, que la puissance dont la nature nous manifeste l'existence est entièrement inscrutable. » Les limites qui unissent l'histoire physique et spirituelle de l'homme, et les forces qui se manifestent d'elles-mêmes dans les victoires alternatives de l'esprit et de la matière sur les actes de l'individu, sont de tous les sujetsque la physique et la psychologie nous ont révélés les plus écrasants; peut-être même qu'ils sont complétement impénétrables. Dans la recherche de leurs phénomènes se trouve englobé celle du passé et de l'avenir, le mystère effrayant de l'existence : d'où venons-nous, et où allons-nous? Cette connaissance du passé et de l'avenir, l'âme humaine aspire sans cesse après elle, et fait entendre ce cri passionné qu'un poëte vivant a si bien rendu dans ces vers :

> A la matière et à la force
> Tout n'est pas borné ici-bas ;
> En outre de la loi des choses,
> Il y a la loi de l'esprit.
> L'une parle dans les rochers et les étoiles,
> L'autre parle au sein du moi.
> A l'unisson quelquefois,
> Souvent chacune à part soi ;
> Et toutes deux ensemble nous ont amenés ici,
> Pour que nous sachions
> D'où nous venons, où nous allons.

> Les conséquences de la loi,
> L'esprit seul nous les apprend ;
> L'œil ne voit que des formes extérieures ;
> L'âme seule connaît les choses ;
> Si l'âme dit vrai,
> Cette voix-là doit être fidèle
> Qui donne à ces choses visibles
> Et à ces lois l'honneur qui leur est dû.
> Mais parlez-moi de CELUI qui nous a placés ici,
> Et qui tient les clefs du
> D'où nous venons, où nous allons.

> Il est dans les plans de sa science
> De nous apprendre ce que les lois ne connaissent pas ;
> Les feux errants et les feux fixes

Sont également des miracles ;
La mort commune à tous,
La vie renouvelée là-haut,
Sont toutes deux dans les desseins
De cet amour qui encercle tout ;
Le hasard apparent qui nous a conduits ici
Accomplit SON d'où nous venons, où nous allons.

———

—

Discours de M. Tyndall, président.

« Fichte, dans ses leçons sur la vocation de l'écolier, insiste fortement sur ce point que la culture de l'esprit doit être non pas unilatérale, mais omnilatérale. Il est de la nature intelligente de s'épancher sphériquement et non pas dans une direction unique. A un moment donné, cependant, Fichte exige que l'écolier s'applique directement à l'étude de la nature et se spécialise, qu'il devienne créateur de connaissances qui soient siennes, et qu'il acquitte, par des travaux originaux de son propre fond, la dette immense qu'il a contractée envers les travaux des autres. Cette étude directe de la nature l'amènera à donner aux connaissances issues de ses propres recherches le supplément qui leur manque pour que la culture de son esprit soit sphérique et non unilatérale. L'idée de Fichte est réalisée jusqu'à un certain point dans la constitution et les travaux de l'Association Britannique. En partie par l'application des mathématiques, en partie par les recherches expérimentales, la science physique, dans ces dernières années, a pris une position importante dans le monde. Au point de vue matériel comme au point de vue intellectuel, elle a produit, et elle est destinée à produire des changements immenses, de vastes améliorations sociales, de grandes modifications dans la conception populaire des origines, des règles et du gouvernement des choses. La science accomplit des miracles dans le monde physique, tandis que la philosophie, abandonnant ses anciens sillons (1) métaphysiques, poursuit ceux que les recherches scientifiques ont indiqués et ouverts. Il en sera de même de plus en plus lorsque les écrivains philosophiques seront profondément imbus des méthodes de la science, plus au courant des faits que les savants ont conquis et des grandes théories qu'ils ont élaborées. Si vous regardez la face extérieure d'une montre, vous voyez les aiguilles des heures et des minutes, peut-être aussi l'aiguille des secondes, se mouvant sur un cadran divisé. Comment ces aiguilles se meuvent-elles? Comment leurs mouvements relatifs sont-ils ceux révélés par l'observation? On ne saurait répondre à ces questions sans avoir ouvert la montre, s'être rendu compte de toutes ses parties, et avoir découvert leurs relations les unes avec les autres. Quand cela est fait, nous trouvons que le mouvement observé des aiguilles est une conséquence nécessaire du mécanisme de la montre mis en jeu par la force emmagasinée dans le ressort. Le mouvement des aiguilles peut s'appeler un phénomène de l'art, mais la même chose a lieu pour les phénomènes de la nature ; ceux-ci aussi ont leur mécanisme intérieur et leur provision de force destinée à mettre le mécanisme en action. Le problème ultime de la science physique est de révéler ce

(1) Nous ne croyons pas que M. Tyndall ait voulu dire *ornières*, la déclamation prendrait alors des proportions malheureuses. Ah! si ces braves physiciens savaient ce qu'est la véritable métaphysique, la science de l'esprit. *Mens agitat molem!*

mécanisme, de mettre en évidence cette provision de force, et de montrer que de l'action combinée du mécanisme et de la force résultent nécessairement les phénomènes dont ils constituent la base. Je pense qu'en essayant, dans la position où je suis placé, de vous donner une idée rapide de la manière dont les penseurs de la science considèrent ce problème, je vous intéresserai d'autant plus que je trouverai dans cette esquisse l'occasion de vous dire un mot ou deux des tendances et des limites de la science moderne; de bien circonscrire la région que les hommes de science réclament comme leur, de telle sorte que ce serait peine perdue que de s'opposer à ce qu'ils en reculent les limites; et aussi de définir s'il est possible, les frontières entre cette région et telle autre contre lesquelles les interrogations et les aspirations de l'intelligence scientifique doivent venir se briser. Dans cette tentative, j'aurai grand besoin de votre tolérance. C'est, il me semble, l'Américain Emerson qui a dit qu'il est à peine possible d'établir fortement une vérité quelconque sans faire injure à quelque autre vérité. Dans ces circonstances, la marche à suivre semble être d'établir fortement les deux vérités, en laissant à toutes deux la part qui leur est due dans la formation de la conviction résultante. Car la dualité est le caractère essentiel de la vérité; elle prend la forme d'un aimant à deux pôles; et la plupart des différences qui agitent la portion pensante du genre humain doivent être attribuées à l'exclusivité avec laquelle les partis différents affirment la moitié de la dualité, en oubliant tout à fait l'autre moitié. Pour que les deux partis arrivent à considérer les deux côtés d'une question, il faut beaucoup de patience. Cette patience implique d'abord la volonté forte de renoncer à toute indignation si l'affirmation de l'une des moitiés doit choquer nos convictions, et de ne pas nous enorgueillir injustement si cette affirmation de la moitié nous donne raison. Cette patience implique aussi la résolution d'attendre avec calme que la démonstration du tout soit complète avant de prononcer notre ugement sous forme d'assentiment ou de dissentiment. Ceci posé, entrons en matière.

Il y a eu des écrivains qui ont affirmé que les pyramides d'Égypte étaient des productions de la nature; et dans sa jeunesse, Alexandre de Humboldt écrivit une longue dissertation dans le but exprès de combattre cette notion préconçue. Nous regardons maintenant les pyramides comme l'ouvrage des mains de l'homme, aidées probablement de machines dont l'histoire n'a pas conservé le souvenir. Nous nous représentons à nous-mêmes ces essaims d'ouvriers travaillant à ces érections gigantesques, soulevant les pierres inertes, et, guidés par la volonté, l'habileté, et peut-être aussi, en ces temps barbares, par le fouet de l'architecte, plaçant les pierres dans la position assignée. Les blocs, dans ce cas, étaient mis en mouvement par un pouvoir extérieur, et la forme dernière de la pyramide exprimait la pensée du constructeur humain. Passons de cet exemple du pouvoir de construction à une puissance d'un autre genre. Lorsqu'une solution de sel commun est évaporée lentement, l'eau qui tenait le sel en dissolution disparaît, mais en laissant le sel après elle. A une certaine phase de la concentration, le sel ne peut pas garder plus longtemps l'état liquide; ses particules ou, comme on les appelle, ses molécules commencent à se déposer sous forme de petits solides, si petits, en effet, qu'ils défient les microscopes les plus puissants. A mesure que l'évaporation continue, la solidification s'étend, et nous obtenons enfin, par le groupement des innombrables molécules, une masse finie de sel d'une forme déterminée. Quelle est cette forme? C'est quelquefois une imitation de l'architecture de l'Égypte. Nous avons de petites pyramides en sel composées de terrasses succédant à des terrasses, depuis la base jusqu'au sommet, formant ainsi des séries de gradins ressemblant à ceux sur lesquels le touriste en Égypte est huché à force de bras par les guides arabes. L'esprit humain est quelque peu disposé à regarder ces pyramides de sel cristallisé sans se poser aucune question ultérieure, comme on remarque les pyramides d'Égypte sans se demander d'où elles viennent. Comment donc les pyramides de sel ont-elles été bâties? Conduits par l'analogie, nous pourrions supposer qu'au sein de l'amas des molécules constituantes du sel, il est une population invisible, guidée et commandée par un maître invisible, et plaçant les blocs atomiques dans leurs positions propres.

Ce n'est pas là, cependant, l'idée scientifique que votre bon sens puisse accepter comme vraisemblable. L'idée scientifique est que les molécules agissent les unes sur les autres sans l'intervention d'un travail d'esclave; qu'elles s'attirent ou se repoussent l'une l'autre en certains points définis et dans certaines directions déterminées; et que la forme pyramidale est le résultat de ce jeu d'attractions et de répulsions mutuelles. Tandis donc que les blocs de l'Égypte sont mis en place par un pouvoir qui leur est extérieur, les blocs moléculaires du sel se mettent en place eux-mêmes et sont fixés à leurs lieux d'élection par les forces avec lesquelles ils agissent les uns sur les autres. J'ai pris pour exemple le sel commun, parce qu'il est connu de vous tous; mais presque toutes les autres substances auraient également bien servi ma pensée. De fait, au sein de la nature inorganique, nous avons le pouvoir formateur, ou, comme Fichte l'appellerait, l'énergie de structure toujours prête à entrer en jeu et à donner des formes définies aux dernières particules de la matière. Il est présent partout. La glace de nos hivers et de nos régions polaires est l'œuvre de ses mains, et il en est de même du quartz, du feldspath et du mica de nos roches. Nos bancs de chaux sont composés, pour la plus grande partie, de coquilles minuscules, qui sont elles-mêmes le produit d'une énergie structurale; mais, au-delà de la coquille prise dans son ensemble, se cache le résultat d'un autre agent de formation beaucoup plus subtile. Ces coquilles sont bâties avec de petits cristaux de spath calcaire, et, pour former ces petits cristaux, la force structurale a eu à agir sur les molécules intangibles du carbonate de chaux. La tendance des particules de la matière à s'organiser elles-mêmes, à s'ajouter les unes aux autres, à prendre des formes déterminées, sous l'action définie des forces, ainsi que je l'ai dit, envahit tout. Elle est dans le sol sur lequel vous marchez, dans l'eau que vous buvez, dans l'air que vous respirez. La vie, à son premier degré (1), se manifeste, de fait, dans tout l'ensemble de ce que nous appelons la nature inorganique.

Les formes des minéraux, résultant de ce jeu de forces, sont diverses; elles montrent des degrés différents de complexité. Les savants mettent en œuvre tous les moyens en leur pouvoir pour explorer leur architecture moléculaire. Dans ce but, ils ont employé tour à tour comme agent d'exploration : la lumière, la chaleur, le magnétisme, l'électricité et le son. La lumière polarisée est spécialement utile et efficace. Un rayon de cette lumière, envoyé à travers les molécules du cristal, subit leur action, et de l'action subie nous concluons avec plus ou moins de certitude le mode d'arrangement des molécules. La différence, par exemple, entre la structure intérieure d'une plaque de sel gemme et celle d'une plaque de sucre cristallisé, ou de sucre

---

(1) *Vie incipiente*, dans le règne inorganique; c'est aller peut-être au-delà de la vérité. — F. M.

candi, nous est ainsi révélée d'une manière frappante. On peut amener ces différences à se manifester par des phénomènes de couleur d'un très-grand éclat, en ce sens que le jeu des forces moléculaires est réglé de manière à écarter certains constituants de la lumière blanche et de laisser les autres couleurs accrues d'intensité. Passons maintenant de ce que nous avons l'habitude de considérer comme un minéral mort à un grain de blé vivant. Si l'on examine celui-ci à la lumière polarisée, on observe des phénomènes chromatiques analogues à ceux que présentent les cristaux. Et pourquoi ? Parce que l'architecture du grain ressemble, dans un certain degré, à l'architecture du cristal. Dans ce grain, les molécules sont aussi placées dans des positions déterminées, et de ces positions elles agissent sur la lumière. Mais qui a uni en semble les molécules du grain ? J'ai déjà dit de l'architecture des cristaux que vous pouvez, si cela vous plaît, considérer les atomes et les molécules comme mis en place par un pouvoir extérieur ; la même hypothèse se présente de nouveau à vous. Mais si, dans le cas des cristaux, vous avez rejeté cette notion d'un architecte extérieur, je pense que vous serez tenus de la rejeter encore, et de conclure que les molécules du blé se sont disposées elles-mêmes, en vertu des forces qu'elles exercent les unes sur les autres (1). Ce serait une bien pauvre philosophie que d'invoquer, dans un cas, l'intervention d'un agent extérieur et de la rejeter dans l'autre. Au lieu de couper notre grain de blé en tranches minces et de le faire agir sur

(1) Quelle triste issue que la nécessité de douer les molécules et les atomes des corps de forces d'attraction et de répulsion à distance, que Newton, Faraday, et M. Tyndall, en les citant avec éloges, ont déclarées impossibles, absurdes, et qui ne peuvent être que des forces en apparence explicatives. F. M.

la lumière polarisée, mettons-le en terre et soumettons-le
à un certain degré de chaleur : en d'autres termes, faisons
que les molécules du grain et celles de la terre qui l'enveloppe
soient maintenues dans un certain degré d'agitation ; car la
chaleur, le plus grand nombre d'entre vous le savent, est
pour l'œil de la science un mouvement de vibrations moléculaires. Dans ces circonstances, le grain et les substances
qui l'entourent réagissent mutuellement, et le résultat de
cette réaction est une architecture moléculaire. Il se forme
un bourgeon ; ce bourgeon atteint la surface de la terre où
il est exposé aux rayons du soleil, qui sont regardés eux
aussi comme une sorte de mouvement vibratoire. Et de
même que le mouvement ordinaire de la chaleur, dont le
grain et les substances qui l'entouraient ont été d'abord
pourvus, a rendu le grain et ces substances aptes à se coali-
ser, de même le mouvement spécifique des rayons du soleil
rend le bourgeon du grain apte à se nourrir de l'acide carbonique et des vapeurs aqueuses de l'air, et à s'assimiler
deux des principes constituants de ces deux aliments, pour
lesquels la tige a une attraction élective, en permettant aux
autres constituants de reprendre leur place dans l'air. Il y
a donc des forces actives dans la racine, et des forces actives
dans la tige ; la matière de la terre et la matière de l'atmosphère sont ainsi entraînées vers la plante, et la plante croît
et grandit. Nous avons successivement le bourgeon, la tige,
l'épi, et le grain tout formé dans l'épi ; car les forces, ainsi
en jeu, forment un cycle contenu qui est complété par la
production de grains semblables à celui qui a ouvert la
marche. Il n'est rien, dans cet ensemble d'opérations, qui
échappe à la portée de notre esprit tel que nous le connaissons. Une intelligence de même ordre que la nôtre, si elle
est suffisamment développée, est apte à saisir cette série de
transformations, du commencement à la fin ; il n'est pas né-

ces saire, pour atteindre ce but, de facultés intellectuelles entièrement nouvelles. Un esprit dûment développé saisira, dans cette évolution et dans son résultat, le jeu des forces moléculaires (1). Il verra *à priori* chaque molécule placée dans sa position propre par les attractions et les répulsions spécifiques exercées entre elles et les autres molécules. Oui, étant donnés un grain et son entourage, une intelligence de même ordre que la nôtre, mais suffisamment développée, pourrait prévoir d'avance chaque phase de cette évolution, et, par l'application des principes mécaniques, devenir capable de démontrer que le cycle d'action doit finir, comme nous l'avons vu finir, par la reproduction de formes semblables à celle par laquelle l'action a commencé (2). On retrouve ici les mêmes lois moléculaires qui gouvernent les planètes dans leurs révolutions autour du soleil. Vous remarquerez que je pose ma thèse énergiquement, comme au début nous sommes convenus qu'elle devait être posée. Mais je dois aller plus loin et affirmer que, à l'œil de la science, le corps animal est juste le produit de la force moléculaire, comme la tige et l'épi du blé, comme le cristal de sel ou de sucre. Plusieurs de ses parties sont évidemment mécaniques. Prenez le cœur humain, par exemple, avec son système si parfait de valvules et soupapes, ou prenez son œil ou sa main ! La chaleur animale, en outre, est de même nature que la chaleur du feu ; elle est produite par le même procédé chimique. Le mouvement animal, à son tour, dérive aussi directement de l'aliment de l'animal, que le mou-

(1) Forces moléculaires, hélas ! ce n'est qu'un mot, et jusqu'ici nous restons dans les termes du médecin imaginaire : l'opium fait dormir parce qu'il est doué d'un pouvoir dormitif.

(2) C'est bien hardi, bien hasardé ; la conclusion n'est pas renfermée dans les prémisses.

vement de la locomotive de Stéphenson du combustible de son foyer. Au point de vue de la matière, le corps de l'animal ne crée rien ; au point de vue de la force, il ne crée rien. Qui d'entre vous peut, à force d'y penser, ajouter une coudée à sa taille ? Tout ce que nous avons dit de la plante peut être redit de l'animal. Chaque molécule qui entre dans la composition d'un muscle, d'un nerf, d'un os, a été mise en place par la force moléculaire. Et, à moins que dans la matière on ne nie l'existence d'une loi, pour y introduire le caprice, nous devons conclure que, étant donnée la relation d'une molécule quelconque du corps à son entourage, sa position dans le corps peut être prévue et prédite à l'avance. La difficulté contre laquelle nous avons à lutter n'est pas dans la qualité, mais dans la complexité du problème ; elle pourrait être levée par le simple développement des facultés que nous possédons actuellement. Supposons acquis ce développement, avec les données moléculaires nécessaires, et le poulet pourra se conclure aussi logiquement et aussi rigoureusement de l'œuf que l'existence de Neptune des perturbations d'Uranus, ou la réfraction conique de la théorie ondulatoire de la lumière. Vous voyez que je n'amoindris pas la question et que j'avoue, sans déguisement, ce que des penseurs scientifiques croient plus ou moins distinctement. La formation d'un cristal, d'une plante ou d'un animal est à leurs yeux un problème purement mécanique, qui diffère du problème de la mécanique ordinaire par la petitesse des masses et la complexité des opérations en jeu.

Vous voilà en possession de la première moitié de notre vérité double ou bipolaire ; jetons un coup d'œil sur la seconde.

Nous voyons associés à ce merveilleux mécanisme du corps animal des phénomènes non moins certains que les phénomènes physiques ; mais entre lesquels et le mécanisme, nous n'apercevons aucune connexion nécessaire. L'homme, par exemple, peut dire *je sens*, *je pense*, *j'aime* ; mais comment la conscience intérieure de ces actes s'introduit-elle dans le problème ? On dit que le cerveau humain est l'organe de la pensée et du sentiment ; que lorsque nous recevons un coup, le cerveau le sent ; lorsque nous méditons, c'est le cerveau qui pense ; lorsque nos affections et nos passions sont excitées, le cerveau est l'instrument de l'excitation. Essayons d'être plus précis. Je croirais difficilement qu'il puisse exister un penseur scientifique profond qui, après avoir réfléchi sur ce sujet, n'admette pas la probabilité extrême de l'hypothèse que, pour chaque fait de conscience intime, dans le domaine des sens, de la pensée ou des émotions, le cerveau est constitué dans certaine condition moléculaire déterminée ; que le rapport entre l'état physique et l'acte dont nous avons la conscience est invariable ; de sorte qu'étant donné un état du cerveau, on puisse en conclure la pensée ou la sensation correspondante, et qu'étant donnée la pensée ou la sensation, on puisse en conclure l'état correspondant du cerveau. Mais comment arriver à ces conclusions ? Dans le fond, elles sont, non pas du tout un cas de déduction logique, mais un fait d'association empirique. Vous pourriez répliquer que beaucoup des conclusions de la science ont le même caractère ; l'induction, par exemple, qu'un courant électrique de direction donnée fera dévier l'aiguille magnétique dans telle direction. Mais les deux cas diffèrent en ceci, que le passage du courant à l'aiguille est tel que, si on ne peut pas le démontrer, on peut au moins le concevoir, et qu'il n'est pas douteux pour nous que l'on arrive à la solution mécanique définitive de ce problème ; mais il est impossible de concevoir le passage de la physique du cerveau aux faits correspondants de la conscience intime des sensations, des pensées, des émotions. Même alors qu'on nous a accordé qu'une pensée déterminée et une action déterminée exercée sur le cerveau sont des faits simultanés, nous ne possédons nullement encore l'organe intellectuel, pas même un rudiment visible de l'organe intellectuel apte à nous mettre à même de passer par une série de raisonnements de l'un des phénomènes à l'autre. Ils apparaissent ensemble, mais nous ne savons pas comment. Alors même que nos esprits et nos sens seraient assez développés, renforcés, illuminés pour nous mettre à même de voir et de sentir les dernières molécules du cerveau, alors que nous serions capables de les suivre dans tous leurs mouvements, dans tous leurs groupements, dans toutes leurs décharges électriques, si tant est qu'il y en ait là; alors que nous aurions la connaissance intime des états correspondants de la pensée et du sentiment, nous serions aussi loin qu'auparavant de la solution du grand problème : *comment ces opérations physiques sont-elles associées aux faits de la conscience ?* L'abîme entre ces deux classes de phénomènes restera toujours intellectuellement infranchissable. Supposons, par exemple, que l'acte de l'amour soit associé à un mouvement en hélice dextrogyre des molécules du cerveau, et l'acte de la haine avec un mouvement hélicoïdal lévogyre. Nous saurons alors, si nous aimons, que le mouvement a lieu dans une direction, et si nous haïssons, que le mouvement a lieu en sens contraire, mais le COMMENT des deux actes n'en restera pas moins sans réponse. En affirmant que l'accroissement du corps est mécanique, et que la pensée, en tant qu'elle a son exercice en nous, a son corrélatif dans la physique du cerveau, il me semble que je fais au matérialiste la seule position tenable pour lui.

Cette position, je crois que le matérialiste pourra la défendre jusqu'à la fin contre toutes les attaques; mais je ne pense pas que, dans la constitution actuelle de l'esprit humain, il puisse jamais aller au-delà (1). Je ne pense pas qu'il soit autorisé à dire que les groupements moléculaires et les mouvements moléculaires expliquent quoi que ce soit. En réalité, ils n'expliquent rien. Le plus qu'il peut affirmer est l'association de deux classes de phénomènes dont il ignore absolument le véritable trait d'union. Le problème de l'union du corps et de l'âme est aussi insoluble, dans sa forme moderne, qu'il l'était dans les âges préscientifiques. On sait que le phosphore entre dans la composition du cerveau humain, et un écrivain téméraire s'est écrié dans son tranchant germanisme : « *Sans phosphore il n'y a pas de pensées.* » Qu'il en soit ou qu'il n'en soit pas ainsi, et alors même que nous saurions qu'il en est ainsi, cette connaissance n'éclaircit en rien nos obscurités. Le matérialiste, des deux côtés de la zone que nous venons de lui assigner, est également et fatalement impuissant. Si vous lui demandez : d'où vient cette matière sur laquelle nous avons tant discuté ; comment et qui l'a divisée en molécules ; comment et qui lui a imprimé la nécessité de se grouper en formes organiques : il ne saura jamais le dire. La science aussi est sans réponse à ces questions. Mais si le matérialiste est confondu et la science rendue muette, à qui appartient-il de donner la réponse ? A CELUI à qui le secret a été révélé ! Inclinons nos têtes et reconnaissons notre ignorance une fois pour toutes. Peut-être qu'un jour à venir le mystère se résoudra en connaissance acquise. La marche des choses, sur cette

(1) Qu'on remarque bien la précision du langage de M. Tyndall ; le sentiment, la pensée, l'amour ne sont nullement pour lui des fonctions, des sécrétions du cerveau ; il se borne à dire que, dans l'acte de sentir, de penser, d'aimer, le cerveau est simultanément affecté et d'une manière déterminée. — F. M.

terre, a été celle d'une amélioration incessante. Il y a un très-long chemin de l'Iguanodon et de ses contemporains au président et aux membres de l'Association. Et, de quelque point de vue scientifique ou théologique que nous considérions le progrès, qu'il soit pour nous le résultat d'un développement progressif ou le résultat de manifestations successives de l'énergie créatrice, rien ne nous autorise à affirmer que les facultés actuelles de l'homme soient le dernier terme de la série, et que la marche de l'amélioration doive s'arrêter brusquement à lui. Il peut, par conséquent, arriver un temps où la région ultra-scientifique, qui nous enveloppe maintenant de toutes parts, devienne accessible aux recherches, sinon de l'homme, du moins de créatures terrestres. Les deux tiers des rayons émis par le soleil sont impuissants à exciter dans l'œil la sensation de la vision. Ces rayons existent, mais l'organe visuel, nécessaire pour leur conversion en lumière, n'existe pas. Il se peut de même que de cette région d'obscurité et de mystère qui nous entoure il s'élance des rayons qui exigent le développement d'organes intellectuels propres à les transformer en connaissances surpassant autant les nôtres que les nôtres surpassent celles des reptiles gigantesques qui autrefois avaient pris possession de notre planète. En attendant, le mystère n'est pas sans avantages. Il peut, certainement, devenir une source de puissance pour l'âme humaine, mais c'est une puissance qui a le sentiment et non pas le savoir pour base. Il peut avoir et il aura, nous l'espérons fortement, pour effet d'assurer et de fortifier l'intelligence, et de mettre l'homme au-dessus de ce rapetissement vers lequel, dans la lutte pour l'existence et la conservation de sa préséance dans le monde, il est continuellement entraîné. »

—

Discours de M. le professeur Auguste Frankland, président.

« Dans ces réunions annuelles des hommes qui prennent intérêt à la chimie, il est d'usage que le président de la section fasse une revue rapide des progrès accomplis pendant l'année écoulée ; et, me conformant à cette coutume, je me fais un devoir de faire arriver à votre connaissance divers sujets qui peuvent avec avantage fixer votre attention pour un moment, avant que nous nous livrions au travail habituel de nos sections.

On peut dire en toute sûreté qu'aucune des réunions antérieures de l'Association n'a vu prendre au progrès des sciences expérimentales et spécialement de la chimie un intérêt comparable à celui que l'on voit se manifester aujourd'hui sur toute la longueur et la largeur de la contrée. Le déploiement international des produits des manufactures, l'année dernière à Paris, a produit sur les visiteurs de la Grande-Bretagne une impression qui, sans être unanime dans sa nature, est complétement unanime dans la conviction qui en est résultée, que dans l'éducation de la jeunesse de ces contrées, on néglige ou même on exclut systématiquement l'instruction scientifique, à un degré tel que l'on ne retrouverait rien de semblable chez aucune grande nation européenne. Beaucoup parmi nous, et je suis de ce nombre, je l'avoue, sont d'avis que même nos manufactures et notre commerce souffrent d'une manière très-marquée de ce défaut capital de notre système d'éducation. Quelques-uns pensent, au contraire, que l'ignorance de la part des directeurs, des contre-maîtres et des ouvriers, des vérités scientifiques sur lesquelles reposent beaucoup de procédés manufacturiers, n'a pas encore eu d'influences désastreuses palpables sur la prospérité de nos fabriques. Mais quelle que soit la différence d'opinion sur notre position industrielle actuelle parmi les nations, tous s'accordent à dire que, sans l'introduction sur une large échelle d'un enseignement scientifique complet dans l'éducation des hommes destinés à continuer l'industrie, nous ne pourrions pas garder plus longtemps la prééminence dans la production manufacturière dont nous avons joui si longtemps.

Les grandes écoles de science du continent n'ont pas de rivales dans ce pays. La manière décourageante dont les études scientifiques ont été introduites dans nos vieilles universités ; le manque de fonds nécessaires pour la dotation convenable des professeurs, la construction d'édifices appropriés et l'approvisionnement en appareils de nos institutions modernes, l'insignifiance des récompenses offertes aux élèves de la science couronnés de succès, ont réagi naturellement d'une manière très-fâcheuse sur l'extension des études chimiques. Tandis qu'à Heidelberg, Zurich, Bonn, Berlin, Leipzig et Carlsruhe, on a vu s'élever de magnifiques édifices, surabondamment fournis de tous les appareils récemment mis à la disposition de ceux qui se livrent à l'étude de la chimie, nous sommes toujours forcés de donner l'enseignement et de poursuivre nos recherches dans des bâtiments étroits et incommodes, tout à fait hors de proportion avec les exigences de la chimie moderne. Les larges sommes dépensées par les gouvernements de l'Allemagne et de l'Italie pour ces établissements témoignent assez par elles seules de l'opinion qu'on se fait de l'importance nationale de la chimie dans l'éducation. Le laboratoire de Zurich coûte 250 000 francs, celui de Bonn, 460 000 fr.; celui de Leipzig, aujourd'hui presque entièrement achevé, 300 000 fr.; enfin, le devis de la construction du laboratoire de Berlin avec ses soixante-dix salles monte à plus d'un million.

Les conditions relativement très-décourageantes dans lesquelles la chimie est étudiée dans ce pays étant ce qu'elles sont, il n'est pas étonnant que le nombre des chercheurs et la quantité des nouveaux faits ajoutés aux connaissances acquises pendant une période donnée, en Angleterre, ne puissent que souffrir de la comparaison avec les autres nations plus favorisées. En 1866, 1 273 mémoires ont été publiés par 805 chimistes, ce qui fait une moyenne de 1,58 mémoire pour chaque auteur. Sur ce nombre, la part de l'Allemagne est de 445 auteurs et 777 mémoires, ou 1,75 par auteur; la France, 170 auteurs et 245 mémoires, ou 1,44 par auteur; le Royaume-Uni, 95 auteurs et 127 mémoires, ou 1,31 par auteur; enfin, toutes les autres contrées ensemble, 93 auteurs et 124 mémoires, ou 1,33 par auteur. Notre infériorité est encore plus grande que ne la font ces chiffres; car une proportion considérable des mémoires publiés dans le Royaume-Uni a été l'œuvre de chimistes nés et élevés en Allemagne, mais résidant dans ces contrées. Je ne sais pas quels seraient les résultats d'une comparaison semblable étendue à l'activité des recherches poursuivies dans les autres branches de la science; mais si la position du royaume était la même dans le tableau comparatif, ce n'est rien moins que le déshonneur national de la contrée qui, plus que toute autre peut-être, doit sa grandeur aux découvertes de la science; et elle devrait cette honte à sa négligence dans l'extension et l'encouragement des recherches scientifiques.

Heureusement, cependant, l'apathie nationale n'a pas été partagée par les chimistes individuels, et l'année ne s'est pas écoulée sans des additions importantes au trésor de nos connaissances. Le directeur de la Monnaie, M. Grant, a continué ses recherches remarquables sur l'occlusion des gaz par les métaux. La propriété extraordinaire que possèdent certains métaux, et spécialement le palladium, d'absorber de grands volumes de certains gaz, est une des plus intéressantes observations modernes; et elle ne peut pas manquer de jeter quelque lumière sur la classe obscure des phénomènes placés aux limites du terrain entre le domaine reconnu de la chimie et l'attraction cohésive.

Plusieurs changements cosmiques, comme les variations des espèces animales et végétales, se produisent trop lentement pour que nous puissions les étudier. D'un autre côté, la succession des réactions dans les phénomènes chimiques a semblé en général trop rapide pour permettre l'observation d'autre chose que du résultat final. Cependant, MM. Harcourt et Esson ont montré que l'étude de cette phase de l'action chimique peut donner des résultats très-intéressants. Dans le cas de l'action de l'acide oxalique sur l'acide permanganique et de l'acide iodhydrique sur l'hydroxil, ils sont arrivés aux conclusions importantes que voici : 1° la vitesse avec laquelle un changement chimique se produit est constante dans des conditions constantes, et indépendante du temps qui s'est écoulé depuis que le changement a commencé ; 2° lorsqu'une substance est dans l'acte de subir un changement chimique, dont aucune condition ne varie, à l'exception de la diminution de la substance qui sera changée, la quantité de changement qui survient à chaque instant est directement proportionnelle à la quantité de la substance ; 3° lorsque deux ou plusieurs substances agissent l'une sur l'autre, la quantité d'action à un instant quelconque est directement proportionnelle à la quantité de la substance ; 4° lorsque la vitesse d'un changement chimique quelconque est affectée par la présence d'une substance qui elle-même ne prend pas part au changement, l'accélération ou le ralentissement produit est directement proportionnel à la quantité de substance inerte ; 5° le rapport entre la vitesse d'un changement chimique survenant dans une solution et la température de la solution est tel que, pour chaque degré additionnel de température, le nombre exprimant la vitesse doit être multiplié par un coefficient constant.

Dans la chimie minérale, un membre actif de cette section nous a rendu un excellent service en révisant avec le plus grand soin les composés du vanadium. Les recherches de M. Roscoe l'ont conduit à cette découverte que le vanadium n'appartient pas, comme on le croyait, au groupe du soufre, mais au groupe de l'azote. Elles ont montré que le chlorure de vanadium, à densité de vapeur anomale, était un oxychlorure normal. On apprendra avec beaucoup d'intérêt qu'on a réussi à isoler le vanadium, et que le poids atomique de cet élément lui assigne une position intermédiaire entre le phosphore et l'arsenic.

Les chimistes ont longtemps regardé avec regret le travail dépensé par les météorologistes dans les observations faites dans le but d'estimer la quantité d'ozone de l'atmosphère, tant que l'existence de l'ozone dans l'air n'était pas mise en évidence d'une manière certaine. Il est par conséquent très-satisfaisant que M. Andrews, à qui nous devons tant déjà de nos connaissances des propriétés de l'ozone, ait enfin prouvé que la réaction manifestée par le papier ozonométrique à distance des villes est réellement due à l'ozone. Les nombreuses observations de tant d'années acquerront ainsi une valeur qu'elles n'avaient pas auparavant.

Le département analytique et synthétique de la chimie organique a reçu des additions importantes dont l'honneur revient à l'inventeur des couleurs d'aniline. En poursuivant ses intéressantes recherches sur les séries salicyliques, M. Perkin a réussi à produire artificiellement la coumarine, le principe odorant de la fève de Tonquin, et, en outre, un grand nombre de substances analogues. Nous devons au même chimiste un mémoire théorique de grande importance sur la différence probable entre les équivalents des quatre formes du charbon, sujet qui, en raison de ses rapports avec l'isomérisme, a longtemps réclamé, sans l'avoir jamais reçue, l'attention des chimistes.

MM. Perkin et Duppa ont soumis l'acide glyoxylique, originairement obtenu de l'acide dibromacétique, à des recherches nouvelles ayant pour but sa composition, et qui les ont conduits à cette conclusion que cet acide est identique avec un de ceux que M. Debus a obtenus de l'oxydation lente de l'alcool ; ils ont établi ainsi le fait que deux demi-molécules d'hydroxyl peuvent s'unir avec un seul et même atome de carbone, sorte de combinaison dont la possibilité avait été révoquée en doute, quoiqu'on connût déjà un composé analogue d'hydrosulphyl.

M. Maxwell Sympson, un autre des plus actifs et des plus heureux travailleurs dans cette branche de la chimie organique, a continué ses recherches sur la constitution de l'acide succinique et sur la transformation directe du chloroiodure d'éthylène en glycol.

MM. Stenhouse et Griess ont bien mérité de la chimie organique, le premier par ses recherches sur le chloranil, le second par son étude de l'action du cyanogène sur les amido-acides.

La chimie physiologique a reçu une nouvelle impulsion des expériences grandement instructives de MM. Crum, Brown et Fraser, sur la liaison entre la constitution chimique et l'action physiologique. M. Bunsen a montré que l'acide cacodylique, quoique facilement soluble et contenant 54 pour cent d'arsenic, ne produit, quand il est administré aux animaux, aucun effet appréciable d'empoisonnement; en même temps, M. Landolt a constaté que les propriétés vénéneuses de l'antimoine disparaissent des sels de tétraméthylstibonium.

MM. Crum, Brown et Fraser ont étudié les changements d'action physiologique produits par l'addition de l'iodure méthylique aux alcaloïdes naturels, la strychnine, la brucine, la thébaïne, la codéine, la morphine et la nicotine; et ils sont arrivés à cette conclusion que l'action physiologique de ces poisons diminue grandement d'intensité et change complétement de caractère. Leurs expériences les ont encore conduits à cette conclusion singulière et importante que, lorsqu'une base nitrile possède une action analogue à celle de la strychnine, les sels des bases ammoniacales correspondantes ont une action identique à celle du *curare*. On sait très-bien que le *curare* et la strychnine dérivent de plantes appartenant au même *genre* ; et il est par conséquent intéressant d'observer une semblable relation.

En outre, les expériences de M. Arthur Gamgee, relatives à l'action de l'oxyde de carbone sur le sang, nous apportent un exemple frappant de l'application heureuse des procédés les plus délicats de l'analyse chimique aux recherches physiologiques.

Je ne puis terminer ce court et très-imparfait résumé des recherches de la chimie britannique durant l'année écoulée sans féliciter la section de l'achèvement du DICTIONNAIRE DE CHIMIE de M. Watts, addition de très-grande valeur faite à notre littérature scientifique. L'étendue, la perfection, l'unité de dessin et l'exactitude générale de ce grand ouvrage jettent beaucoup d'éclat sur le talent de son éditeur, à qui ses collègues devront un bienfait dont ils ne pourront jamais être assez reconnaissants.

Les statistiques qui mettent en évidence l'activité chimique comparée dans cette contrée et ailleurs, m'avertissent de ne pas essayer dans ces observations nécessairement écourtées l'analyse des recherches faites à l'étranger ; je ne puis cependant me défendre de faire allusion à deux ou trois des nombreux travaux réalisés hors de chez nous dans l'année écoulée.

En chimie minérale, l'application des doctrines de l'atomicité à l'établissement des formules des minéraux naturels, dans la nouvelle édition du grand ouvrage de Dana, constitue, en minéralogie, un progrès qui ne peut pas manquer de conduire dans cette science à des résultats aussi importants que ceux que cette même théorie a déjà réalisés dans la chimie proprement dite.

En chimie organique, la découverte faite par Hofmann

'une nouvelle série des composés du cyanogène imprime une impulsion nouvelle aux recherches sur l'isomérie, et restera longtemps une de ces grandes bornes frontières du champ des études de chimie organique.

Les moissons annuelles de découvertes synthétiques n'ont pas fait défaut au laboratoire de M. Henry Kolbe. La conversion directe de l'anhydride carbonique en acide oxalique, par M. Drechsel, a pris place parmi les plus brillants travaux réalisés jusqu'ici dans ce genre de recherches.

La production artificielle de la neurine, par M. Wurtz, met en évidence d'une manière frappante la précision avec laquelle les résultats des réactions chimiques peuvent être maintenant prédits. La théorie atomique de Dalton, développée comme elle l'a été par la doctrine de l'atomicité, prend très-rapidement dans les phénomènes chimiques la position que la théorie de la gravitation universelle a dans la science astronomique.

Après une longue période d'indécision et de confusion, relativement aux poids atomiques de la majorité des éléments simples, il est agréable de constater qu'au moment actuel, une unanimité presque complète règne enfin entre les professeurs de chimie. Sur plus de neuf cents copies, recueillies dans une campagne récente d'examens sur tous les points du Royaume-Uni, faite sous la dépendance du ministère du département des sciences et des arts, les anciens poids atomiques n'ont été employés que vingt fois. Il est grandement à regretter que cette unanimité ne s'étende pas à la notation et à la nomenclature. Pour ce qui regarde cette dernière, il existe en France une uniformité plus grande que dans cette contrée ; et il est vraiment à désirer qu'on fasse de sérieux efforts pour amener parmi nous sur ce point une meilleure entente. Pour l'étudiant, l'adoption d'une nomenclature universellement reconnue, est peut-être de plus grande importance qu'une notation généralement acceptée. Car pour le présent, la réalisation d'une notation commune semble impossible ; tandis qu'avec un peu de concession mutuelle de la part des maîtres, et plus spécialement encore des auteurs, on peut avoir le bon espoir de voir accomplir l'unité de nomenclature. »

—

Discours de M. Godwin-Austin, président.

Suffolk et Norfolk formaient géologiquement et éthno-logiquement une seule région, faisant partie des pentes du bassin de la mer du nord, car la vallée de la mer du nord n'est qu'une véritable dépression physique ; si on compare sa profondeur à sa largeur la profondeur de la mer du nord était extrémement petite. Le canal, courant parallèle-ment aux côtes d'Essex, de Suffolk et de Norfolk, avait pour maximum de profondeur 60 mètres seulement, de sorte qu'un changement de cette valeur survenant dans le niveau de la mer aurait mis à sec la totalité de son lit sur la côte du Northumberland au Jutland. Une dépression de 40 mètres aurait étendu jusqu'à nous le niveau de la grande plaine allemande. Un enfoncement sous-marin pro-fond s'est formé à une distance moyenne de 75 kilomètres de la ligne des côtes de Norwége. Dans le sens de la ligne de profondeur maximum, cet enfoncement a été très-abrupt. Cette curieuse formation est celle qui se serait produite par l'affaissement à une profondeur de 200 à 250 mètres de la

totalité de la portion sud des régions scandinaves, avec une
aire de 75 kilomètres tout à l'entour. Il y a de graves raisons de supposer que c'est ce qui a eu lieu, et l'histoire géologique du bassin semble fournir la date précise de l'affaissement en question. C'est la dépression de la masse scandi-
navienne le long de la ligne indiquée qui a produit les
canaux du Skagerrach et du Cattégat, et ouvert la communication entre la mer du Nord et la dépression baltique.
Géologiquement, quelques-unes des dernières phases ou
périodes de l'histoire passée de la terre sont si abondam-
ment rendues visibles sur la région Est de l'Angleterre,
dont Norwich fait partie, qu'il est impossible que la Section
ne fasse pas de la géologie locale le principal objet de
ses discussions. Le point le plus intéressant de cette région
appartient à la période kainozoïque ; et M. le président se
fait un devoir de la résumer. Le géologue se sent mal à l'aise
lorsqu'il s'agit d'esquisser dans un ordre chronologique
l'histoire d'un district quelconque. Quoiqu'il connaisse tous
les détails des conditions successives des couches épaisses
de dépôts que l'on rencontre dans le bassin de Londres, et
quoiqu'il ait acquis la certitude de l'étendue qu'ils avaient
autrefois, bien au-delà de leurs dimensions actuelles, il ne
sait rien, ni des procédés par lesquels tant de matériaux
ont été enlevés, ni de ce qui se passait dans d'autres régions
du globe, alors que rien n'était fait ici. Dans ce résumé rapide, il n'est pas nécessaire de remonter relativement à la
région *East anglian*, au-delà de l'époque des premières
formations marines de l'âge kainozoïque, alors que le groupe
des îles britanniques ne formait qu'un seul tout avec le
continent européen. Après avoir montré que les formations
kainozoïques présentent une conformité frappante dans leur
histoire générale ; que celles de l'Espagne, du Portugal, et

du bassin de Bordeaux et de la Touraine, avec ses dépendances bretonnes, et du bassin de notre mer du nord, sont des dentelures ou des entailles faites par l'océan Atlantique; que la faune présente tous les caractéres de la faune atlantique ; que, dans chacun des bassins du sud, aujourd'hui desséchés, la faune était plus méridionale que celle qui vit actuellement dans les mers adjacentes, ce qui met en évidence un double changement : premièrement, l'établissement ou l'extension vers le nord d'une faune marine, que, dans ses formes, on reconnaît être africaine, mais qui ensuite devient moins méridionale sur les mêmes aires ; secondement, que les aires de ces formations, après s'être présentées d'abord comme des surfaces terrestres, ensuite comme des branches latérales de l'Atlantique, en dernier lieu comme nues ou découvertes de nouveau, les eaux s'écoulant du sud vers le nord, il arrive à établir que les eaux du Crag ont été chassées de l'aire de la mer du Nord par le soulèvement du sol sur la côte sud de la grande baie. Les points les plus au sud des bancs de crag de la Belgique sont maintenant les plus élevés au-dessus du niveau de la mer. Cette élévation diminue sans cesse jusqu'à Norwich, et si quelques portions du crag appelé crag de Norwich ou crag fluviomaritime sont de cet âge, ces lits apportés par le flux ont dû être dans la même position qu'actuellement, ou au même niveau. Cela nous prouve que l'aire de la mer du Nord, après la période de la faune kainozoïque primitive, ou vrai crag, passa de nouveau à la condition de surface terrestre. Cette antique dépression de la mer du Nord, semblable à celle des bassins tertiaires, devint une portion de la surface générale du continent européen. Une longue liste d'animaux, dont quelques-uns appartiennent à la faune de l'Europe centrale ou méridionale, ont laissé leurs restes

4.

ici , mais jusqu'à quel point ces animaux furent-ils coexistants, ou jusqu'à quel degré indiquent-ils une occupation successive, c'est encore une question indécise. Le lit des forêts de Cromer nous donne une idée de ce qu'était la végétation de cette période ; mais il est très-probable qu'il faut la prendre pour la flore de la dernière phase des conditions terrestres antérieures au grand changement physique qui a suivi immédiatement, et non pour la flore de la période entière. La faune entière des mammifères, depuis le mastodonte de Norfolk jusqu'au mammouth (*Elephas primigenius*), semble n'être elle-même qu'un pêle-mêle d'animaux appartenant à des tribus nomades, dont il faut maintenant reconnaître l'ordre de succession dans le temps. La condition générale de l'Europe septentrionale fut terrestre pendant toute la durée des périodes tertiaire et kainozoïque; et son climat fut tour à tour chaud, tempéré, arctique. On retrouve partout et à toutes les hauteurs des preuves évidentes qu'à la fin de cette époque, cette même aire fut envahie par des glaciers sous-aériens et augmenta considérablement de niveau.

Discours de M. le Rév. J.-M. Berkeley, président.

Il commence par faire remarquer que peu de sujets ont une importance plus grande que ceux qui touchent aux liaisons intimes entre la vie animale et la vie végétale. La matière fraîche est constamment en circulation, indiquant qu'il est des organismes dans le règne végétal qu'on ne peut pas distinguer des organismes animaux. Après avoir établi par divers exemples la vérité de cette proposition, il passe à l'appréciation de la théorie de Hallier relative à l'origine de certaines maladies. Les observations de Hallier furent d'abord limitées au choléra asiatique, mais il a fait depuis aux autorités du département médical du Bureau du conseil privé une communication ayant pour objet d'établir que dans six autres maladies, le typhus, la fièvre scarlatine, la rougeole, la variole, la gale des moutons et la vaccine (ses exanthèmes), il a trouvé certaines molécules très-ténues appelées par lui *micrococci*, qui, soumises à une culture

expérimentale, donnent pour chacune des maladies dési-
gnées ci-dessus un *fungus* constamment le même et carac-
téristique. Cette découverte, quoique non encore démontrée par des arguments concluants, est très-importante. Elle
a été prise en grande considération par le docteur de Bary
et les autorités médicales de l'armée ont chargé une commission de membres choisis parmi leurs officiers d'en faire
l'objet d'études approfondies. M. Hallier a commis la faute
de sauter trop brusquement à des conclusions générales, et
de ne pas procéder assez rigoureusement dans ses recherches expérimentales. Il est très-possible que certains *fungus*
puissent se retrouver constamment dans les substances d'une
constitution chimique ou moléculaire donnée ; mais ils peuvent s'y trouver dans la condition d'effet plutôt que dans la
condition de cause. Tout homme qui étudiera attentivement
le développement des moisissures ou des fermentations à
une certaine profondeur, comme dans une masse de pâte de
farine de froment ou de riz, constatera l'existence de modifications sans nombre, et différentes dans les différentes régions de la masse, sans pouvoir les rapporter aux genres
connus.

La seconde question abordée par le président est celle des
fonctions des vaisseaux spiraux ou du tissu vasculaire en
général, dans ses relations surtout avec la distribution de la
séve dans les plantes. M. Herbert Spencer a montré, par
des expériences faites avec des fluides colorés aptes à pénétrer dans les tissus sans compromettre leur vitalité, et cela
non-seulement dans des tiges séparées des racines, mais
dans des individus dont les racines étaient restées intactes,
que la séve ne se contente pas de monter par le tissu vasculaire, mais que ce tissu agit à son tour comme absorbant,
faisant revenir et distribuant la séve après qu'elle a été mo-

difiée par les feuilles. Que ce tissu exerçât une action importante, c'est ce qui résultait déjà clairement du fait de la constance avec laquelle il est produit à une période très-hâtive du développement des boutons adventifs, établissant ainsi une liaison entre les parties anciennes et nouvelles. Après quelques observations sur la morphologie des feuilles et la formation des cellules libres, M. Berkeley revient à la théorie darwinienne de la pangénésie. D'autres auteurs, dit-il, comme Owen et Herbert Spencer, ont déjà proposé quelque chose de semblable, mais d'une portée beaucoup moindre, car la théorie de Darwin renferme l'atavisme, le retour, l'hérédité, etc., et elle embrasse les particularités psychologiques aussi bien que les particularités physiques. Prise dans son ensemble, la question était si compliquée, et la théorie si effrayante, que les esprits au premier abord se refusèrent à admettre des assertions par trop téméraires. Cependant, comme pour tout ce qui vient de la plume d'un écrivain qui affirme sans hésitation, et dont les jugements n'inspirent pas de défiance, les plus grands observateurs de l'époque, quelle que fût leur idée sur les théories portées à leurs conclusions extrêmes, s'accordèrent à reconnaître que la question méritait d'être prise en considération avec soin et impartialité. Semblable à la doctrine de la sélection naturelle, elle devait certainement modifier plus ou moins les idées reçues. Même en supposant que sa théorie fût exagérée, il n'en était pas moins vrai, comme le fait remarquer M. le docteur Whewell, cité par l'auteur, que « les hypothèses rendent souvent service à la science, alors même qu'à divers points de vue, elles sont incomplètes ou fausses. M. Darwin avoue qu'il n'a pas fait de l'histologie une branche spéciale de ses études ; et dès lors, ajoute M. Berkeley, j'hésite beaucoup moins à exprimer mon opinion personnelle, qu'il a certainement attaché trop d'importance à la formation des cellules libres, qui sont plutôt l'exception que la règle. Acceptant la vérité du principe fondamental de la théorie, que des molécules douées de certains attributs sont expulsées des cellules constituantes, dans un état de petitesse infinitésimale, on comprend qu'elles puissent circuler à travers les fluides, et se retrouver enfin dans la cellule embryonnaire non fécondée, ou dans les spermatozoïdes, soit pour y rester dormantes ou inactives pendant un temps plus ou moins long, soit, lorsqu'elles sont présentes avec assez de puissance, pour y produire certains effets définis. Dans ce second cas, il est probable, non pas qu'elles se développent elles-mêmes en cellules, mais qu'elles exercent une influence analogue à celle des contenus du tube à pollen ou à spermatozoïdes sur le sac embryonnaire. Ainsi modifiée, la théorie de la pangénésie sera plus facilement et plus généralement adoptée. Comme on vient de le dire, elle n'en conserverait pas moins son caractère essentiel, de *compendium* ou résumé d'une masse énorme de faits, compris, de la manière la plus merveilleuse, sous un énoncé très-court. M. Berkeley avoue qu'une semblable théorie prête évidemment le flanc à l'accusation de matérialisme. Mais, ajoute-t-il, c'est cependant un fait incontestable que les singularités et les dons de l'esprit, de même que les habitudes ou les manies, sont transmis et sujets aux mêmes lois de retour, d'atavisme et d'hérédité, que les simples accidents de structure. Les deux classes de faits doivent avoir leur raison ou cause aussi bien les uns que les autres; et quelle que soit l'explication qu'on en donne, la main de Dieu est également nécessaire et également visible partout. On ne peut plus aujourd'hui attribuer au pur instinct toutes les indications de pensée et de raisonnement que l'on rencontre en dehors de la sphère de l'hunanité, comme on le faisait autrefois, dans la crainte des conséquences matérialistes qu'on était disposé à en tirer. Si quelqu'un, cependant, persistait à s'effrayer d'une théorie du genre de celle dont il est ici question, je lui rappellerais que dans les divines Écritures, l'homme est représenté comme différent des autres êtres du règne animal, en ce qu'il possède à la fois un esprit, et *une âme raisonnable*. La distinction entre les deux choses ψυχη et πνευμα que les Allemands dans leur langue usuelle traduisent par *seele*, âme, et *geist*, esprit, mais qui manquent dans la langue anglaise d'expressions propres et spécifiques, ou, en d'autres termes, la distinction entre les simples facultés mentales que le reste de la création possède en commun avec le genre humain, dans un degré plus ou moins élevé, et un esprit immortel, considérée à sa juste valeur, suffit à dissiper les préventions et à faire évanouir toute crainte de matérialisme. En réalité, rien ne serait plus injuste et plus imprudent que d'imprimer le sceau de l'irréligion ou de l'impiété à la pangénésie ou autres systèmes analogues. En tous cas, dit M. Berkeley en terminant, je suis sûr que les membres de l'Association s'uniront à moi pour prier Dieu de bénir ce grand et consciencieux écrivain, et pour exprimer l'espoir qu'il conservera la santé nécessaire pour enrichir la science des produits de sa haute intelligence et de son talent infatigable d'observation.

—

Discours de M. le capitaine de vaisseau G.-H. Richards, président.

« Il n'entre pas dans mon plan de vous adresser un discours ou d'énumérer les découvertes géographiques faites depuis la dernière réunion de l'Association... Je me bornerai, si vous me le permettez, à une revue rapide de l'état présent de la géographie, en signalant les blancs ou vides, sur la surface du globe, qui appellent l'attention et les recherches des explorateurs futurs ; et, en appuyant brièvement sur les heureuses conséquences qui pourraient en résulter dans le double intérêt de la science et de l'humanité, je me renfermerai entièrement dans le présent et l'avenir, laissant de côté le passé. La science de la géographie est en elle-même facilement accessible à tous ; il n'est pas nécessaire d'avoir des connaissances profondes pour suivre ses découvertes et percer ses mystères, si tant est qu'elle en ait. Le navigateur, le voyageur et l'écolier ordinaire sont, en un sens, des géographes. Mais, considérée sous ses divers

aspects, tous plus ou moins en rapport avec ce qui concerne
le bien-être de l'existence humaine, il faut admettre que la
géographie est loin d'être la moins importante des sciences.
Il n'est pas surprenant dès lors qu'elle soit une des plus po-
pulaires, et qu'il se soit trouvé, dans tous les âges du
monde, des hommes prêts à sacrifier leurs aises, leur fortune et même leur vie dans la poursuite des aventures géographiques. Si nous tracions l'histoire de la géographie, à
partir des premiers âges, nous trouverions que les explorations maritimes l'ont toujours précédée. Aussitôt que les
côtes d'une contrée avaient été entièrement reconnues et définies sur la carte, on voyait bientôt l'intérieur se développer
avec une rapidité plus ou moins grande, suivant les circonstances diverses de climat, de caractère, d'étendue de
la population et autres conditions physiques. Ceci est con-
firmé par mille expériences, et les exemples ne manquent
pas dans mes propres observations. Partout où le navigateur
a pénétré, nous avons toujours ajouté à sa découverte, perfectionné ses connaissances acquises, dans l'intérêt de la
navigation elle-même comme dans l'intérêt du commerce et
des rapports entre les nations. Alors la géographie semble
entrer dans une autre phase ; elle empiète sur l'hydrogra-
phie, la météorologie et la géographie physique de l'Océan.
En connexion avec cette dernière, elle a conquis une si
vaste importance, à tous les points de vue pratiques, que,
pour suivre ses progrès, il faut chaque jour demander à la
science des auxiliaires nouveaux. Dans la géographie physique de l'Océan, force est de comprendre la mesure de ses
profondeurs, la nature de son fond, sa température, les courants de sa surface et de son sein, etc. ; la possession de
toutes ces données est absolument nécessaire à l'époque actuelle. Par exemple, sans une connaissance parfaite de tous
ces éléments, il eût été impossible de poser les câbles sous-

marins qui relient l'Angleterre à l'Amérique. Il est raisonnable d'espérer que, aussitôt que les exigences du commerce justifieront le déboursé d'un nouveau capital, ces deux câbles seront suivis de plusieurs autres semblables faisant le tour du monde entier. La France et l'Amérique sont à la veille d'être unies par un lien de ce genre. Il ne se passera pas longtemps avant qu'on ne dépose un câble le long de la ligne centrale de la mer Méditerranée, pour unir Gibraltar avec Malte, Malte avec Alexandrie, Alexandrie avec la mer Rouge et l'Inde. Je crois en outre que le temps n'est pas éloigné où la communication sera établie entre l'Inde et la Chine, entre l'Inde et l'Australie. Toutes ces grandes entreprises exigent impérieusement la possession de toutes les données que j'ai énumérées, et cette possession, à son tour, n'est possible qu'à force d'intelligence, de patience et de persévérance de la part des ingénieurs et des marins, auxquels leur profession n'impose pas une connaissance approfondie de ces difficiles questions. Cependant, notre énergie et nos efforts se sont exercés récemment dans cette direction ; et, avec l'aide de la science, avec l'aide aussi des engins mécaniques que la science a créés, au lieu de ces notions vagues et imparfaites que nous possédions presque jusque dans ces derniers temps, nous connaissons intimement les profondeurs de tous les océans du globe. Pour ma part, je crois que ces grands résultats ne le cèdent en rien à ceux que nous avons obtenus dans les recherches géographiques des dernières années ; peut-être même puis-je dire qu'ils sont d'une importance pratique plus grande. En Europe et dans la plus grande partie de l'Amérique du nord et du sud la géographie n'a presque rien laissé à faire. En Asie, aussi, dans les grands empires de la Chine et du Japon, il n'est aucune raison de douter que la géographie ait été bien comprise et bien cultivée, quoi-

que, en raison des institutions et des coutumes de ces
contrées, et du caractère ombrageux de ceux qui comman-
dent, les données acquises aient été soustraites, pour la
plus grande partie, aux regards et à l'étude des Européens.
Au contraire, sur cette grande étendue de terrains de l'Asie
centrale, entre les frontières nord de l'Inde et les frontières
sud de la Russie, entre la Chine orientale et la Tartarie,
qui plus récemment a excité à un haut degré l'attention,
nous avons énormément à apprendre. Mais heureusement,
grâce au zèle et à l'esprit entreprenant de nos officiers de
l'Inde, d'une part, des armées d'exploration, d'autres disent
d'empiètement de la Russie, d'autre part, chaque année
nous apporte des données nouvelles. Il y a quelques semai-
nes à peine qu'un voyageur a quitté nos rivages, sous les
auspices de la Société géographique, pour aller à la recherche de découvertes dans ces régions. Nous sommes encore
assez au courant de la géographie de ces grands groupes
d'îles qui s'étalent sur le Pacifique et sur les océans indiens, grâce aux découvertes de nos navigateurs et aux travaux de nos missions protestantes, qui n'ont jamais cessé de
prendre une part importante à ce genre de travail.

Mais il est temps de considérer un autre côté de la
question, et, malheureusement, c'est le côté le plus obscur.
Si nous tournons nos regards vers l'Afrique, l'Australie, la
Nouvelle-Guinée, Bornéo et les autres régions arctiques,
notre esprit sera impuissant à comprendre le nombre et la
difficulté des problèmes que la géographie a encore à résoudre; on se sent presque défaillir en se rappelant combien ce que nous avons appris est peu de chose en comparaison des efforts et des sacrifices considérables des explorateurs individuels de notre temps et du temps passé.
Regardons l'Australie. Là une grande nation anglaise s'est
développée dans le siècle actuel, et, cependant, l'on peut

dire que nous occupons un petit coin de ce vaste continent. Nous connaissons à peine ses côtes, et encore ne les connaissons-nous pas toutes. On peut dire, presque sans exagération, que nous ne connaissons de cet immense intérieur, à très-peu de chose près, que ce qu'en connaissait Cook, lorsqu'il visita pour la première fois ces rivages, il y a cent ans. Ici se présente naturellement cette question : A quelle cause faut-il attribuer le peu de succès, jusqu'ici, des travaux des explorateurs de ces régions, dont plusieurs ont sacrifié leur vie à cette noble cause ? Ils n'ont certes pas manqué de zèle, de courage, de dévouement. On pourrait dire que leurs entreprises étaient au-dessus de l'initiative individuelle, ou de toute entreprise qui ne serait pas placée sous les auspices directs du gouvernement; peut-être aussi que les moyens, les ressources, les plans d'organisation et de combinaison ont manqué. Quelle que puisse être cette cause, il est certain qu'on n'a pas encore fait jusqu'ici des efforts en proportion avec l'excellence de l'entreprise et l'importance des résultats qu'on doit en attendre. Il me semble que le moment est venu de combiner les efforts nécessaires pour venger la géographie de ce qui est pour elle un reproche incessant. Et voici qu'il a été fait, pour l'exploration de l'intérieur de l'Australie, une proposition dont beaucoup d'entre vous, sans doute, ont entendu parler. La proposition émanait de M. le docteur Neumeyer, devenu Australien, et bien connu du monde savant. Elle a reçu l'approbation, l'appui et les encouragements de la Société de géographie ; mais je suis effrayé de voir que la Société géographique ne lui a presque rien donné en dehors de ses sympathies. Il est à espérer, cependant, que cette entreprise, si tant est qu'elle ait lieu, se fera sous les auspices du gouvernement, et qu'elle sera organisée de manière à rendre un échec tout à fait impossible.

Il est une autre *terre inconnue*, la Nouvelle-Guinée, presque
en vue du rivage nord de l'Australie. Les côtes de cette
grande île ont été à peine correctement indiquées sur nos
cartes. Les navigateurs des divers États ont pris terre sur
elle ; mais je m'épouvante à la pensée des longues années
qui devront encore s'écouler avant que cette contrée ait quelque chance d'être ouverte à la civilisation. Sa grande étendue, l'hostilité des tribus indigènes et d'autres causes la
placent presque complétement en dehors de la portée d'une
nouvelle entreprise, et nulle contrée ne semble disposée
jusqu'ici à y planter son drapeau. Je ne me résignerais pas
à quitter ces régions du sud sans dire quelques mots d'une
des dernières et des plus florissantes acquisitions de la couronne britannique ; je veux dire la Nouvelle-Zélande. De
tous les exemples de découvertes géographiques rapides et
de colonisation coïncidant presque avec la découverte, celui-ci
est peut-être le plus remarquable dans l'histoire du monde
entier. Il y a trente ans à peine les seuls occupants de la
Nouvelle-Zélande étaient quelques missionnaires anglais,
qui ont été, en général, dans les régions lointaines, les pion-
niers de la civilisation (1). Dix ans plus tard, lord Auckland,
alors à la tête de la marine, comprit que le moyen de con-
quête le plus aisé et le plus court de la Nouvelle-Zélande
était l'exploration complète de ses côtes. Elle fut entreprise
sous ses auspices et terminée en sept années. Pendant cette
période, la colonisation fit des progrès rapides ; et, au moment actuel, en dépit de toutes les difficultés amenées par

---

(1) Le brave capitaine a prononcé deux fois le nom des missionnaires
et deux fois il a été bruyamment applaudi ; ce furent même les seuls
applaudissements unanimes de son discours. L'Angleterre est une nation
chrétienne. La religion, en France, est individuelle. C'est pénible à
avouer, mais cela est.

les guerres contre les indigènes, les îles de la Nouvelle-Zélande sont habitées, sur toute leur longueur et leur largeur, par des Anglais et des Anglaises, en possession de tout le confortable et de toute la prospérité d'une vieille contrée depuis longtemps civilisée. Il est, relativement à la Nouvelle-Zélande, un incident qui n'est peut-être pas généralement connu. Sans la présence accidentelle sur ses côtes, en 1839 ou 1840, d'un petit brick de guerre, sous le commandement de feu le capitaine Owen Stanley, un pavillon étranger flotterait à l'heure qu'il est sur ces îles, et nous aurions eu probablement le spectacle d'un second canal de la Manche, placé aux antipodes, avec des voisins l'œil braqué sur nous à travers les détroits de Cook.

Jetons maintenant un coup d'œil rapide sur l'Afrique, contrée fertile s'il en fut jamais en découvertes et en hardiesses géographiques. C'est un vaste sujet, trop vaste au moins pour être discuté dans cette occasion, et les quelques mots que je veux vous en dire se borneront à un objet de grand intérêt pour tous les Anglais, le sort de Livingstone, dont la vie est si intimement associée avec l'Afrique, et qui, dans les deux dernières années, a voyagé presque isolé à travers le grand continent à la poursuite du but auquel sa vie entière a été consacrée. En effet, tout ce que nous savons de l'Afrique, nous le devons presque entièrement à notre courageux et glorieux compatriote. Tout ce que je puis dire n'ajoutera rien à sa réputation si noblement conquise. Il s'est toujours rencontré des hommes qui, dans la poursuite de l'honneur et de la renommée, du progrès des connaissances humaines et par amour pour la science, furent prêts à sacrifier leur fortune et leur vie dans de semblables entreprises. Livingstone n'était insensible à aucun de ces motifs humains; mais ils étaient pour lui secondaires et de simples excitants à la poursuite du grand but et du grand rêve de sa vie, l'extinction de l'esclavage en Afrique, et la régénération de la race africaine. Je suis désireux d'expliquer aussi clairement que je le puis les probabilités du sort subi par ce grand homme. Il y a aujourd'hui plus de deux ans et demi que Livingstone est en Afrique, et il n'a donné personnellement qu'une fois de ses nouvelles, il y a dix-huit mois. Après avoir rappelé le bruit de sa mort, et relevé les contradictions que présente le rapport de M. Young sur son excursion de Zambezo à la rivière Shire, le président dit qu'il est certain qu'après l'abandon de son guide Johanna, Livingstone partit de l'extrémité sud du lac Nyassa pour aller dans un lieu situé à l'est du lac Tanganyika, en franchissant une distance d'environ 1 000 kilomètres. Nous savons par une lettre de lui qu'il atteignit Bénéda, à égale distance de son point de départ et de son point d'arrivée. Cette lettre, en date du 7 février 1867, fut apportée à Zanzibar quelques mois après par un commerçant indigène. Par cette lettre, il nous apprenait que lui et sa troupe étaient arrivés sains et saufs à Bénéda, qu'ils avaient été réduits à une nécessité extrême, par la faim et d'autres accidents, qu'ils avaient égaré la caisse contenant les médicaments, ce qui était pour eux une grande perte, et que luimême n'était guère plus qu'un *sac d'os*. Mais Livingstone était plein de confiance dans les Bons Esprits, et il espérait arriver à Tanganyika en juin 1867. C'est la dernière nouvelle que nous ayons reçue positivement de lui. Un négociant qui quitta le rivage est de Tanganyika en octobre 1867 affirmait que Livingstone n'était pas encore arrivé, mais il ajoutait que quelques jours après son départ, il avait entendu dire à un naturel du pays qu'un homme blanc venait d'apparaître. Si cela est vrai, ce ne peut être que Livingstone. Avant de discuter la question de savoir s'il est réellement là, je dois faire remarquer qu'il ne peut pas avoir manqué l'occasion d'écrire le récit de son voyage, jusqu'à cette époque, et d'envoyer ce récit à Zanzibar. Or, nous n'avons rien reçu, et c'est l'absence de ce récit qui doit avant tout préoccuper, et préoccuper douloureusement nos esprits. En supposant qu'il soit arrivé à Tanganyika, en octobre 1867, il a dû y trouver les médicaments et les divers petits objets qu'il avait prié M. Kirk, notre consul à Zanzibar, de lui envoyer. Il aura aussi entendu parler de la découverte de sir Samuel Baker, que l'Albert-Nyanza le prendrait et le conduirait à travers le Nil jusqu'à la Méditerranée. Pouvait-il être disposé à partir par cette route? c'est bien douteux, et, pour mon compte, je regarde cette détermination comme invraisemblable. Il me semble, au contraire, que c'est à partir du moment de son arrivée à Tanganyika que l'œuvre de Livingstone commençait. Il devait se trouver là en présence d'un grand nombre de problèmes géographiques à résoudre. Il fallait déterminer l'altitude du lac; là est le point d'union entre Victoria-Nyanza et Albert-Nyanza; c'est à partir de là que l'Albert-Nyanza s'étend vers l'ouest; et il avait à vérifier les altitudes de ces deux nouveaux lacs. Toutes ces réflexions devaient le conduire immédiatement à la grande question qui intéresse tous les géographes : quelle est la source véritable du Nil? En tenant compte, par conséquent, du travail qu'il avait à faire, l'absence de Livingstone s'explique d'une manière assez satisfaisante. Mais le côté le plus décourageant de la question est que nous n'avons rien entendu dire de son séjour à Tanganyika. Ce silence peut s'expliquer par la non-arrivée des caravanes ; mais il ne nous en cause pas moins de grandes inquiétudes. La seule chose, en réalité, que nous puissions faire, c'est d'acquérir la certitude qu'il a atteint le côté est du lac de Tanganyika; nous pouvons nous la procurer en envoyant des messagers de Zanzibar, et j'ai la confiance que nous ne manquerons pas à ce devoir sacré.

Le président aborde ensuite la question des explorations passées et à venir des régions arctiques, dans le but d'atteindre le pôle nord lui-même ; et après avoir donné un récit rapide des expéditions arctiques antérieures et de leurs résultats, il a exprimé le regret que les efforts réunis de l'Association britannique et de la Société royale de géographie aient été impuissants à obtenir du gouvernement l'organisation d'une expédition nouvelle. Dans le courant de ses observations, il a fait allusion à l'absence de sir Roderick Murchison que la maladie tient éloigné de la réunion ; et il a payé en passant un tribut d'estime à feu M. Crawfurd, si connu comme membre actif des sociétés géographique et ethnologique. Il appelle l'attention sur l'exploration projetée de la péninsule de Sinaï, et fait ressortir l'importance d'une communication à établir par terre entre le Canada et la Colombie britannique, en prévision des grands efforts que font les États-Unis pour traverser en chemin de fer le continent entier qui sépare l'Atlantique du Pacifique. Il fait ressortir l'avantage des encouragements offerts à l'étude de la géographie par la Société de géographie, dans la distribution annuelle d'un certain nombre de médailles mises au concours entre les diverses écoles publiques du Royaume-Uni, et fait enfin ses compliments empressés à M. Hooker, le président de la réunion de Norwich.

Les prévisions du président se sont réalisées, Livingstone était bien à la place indiquée ; nous avons de ses nouvelles ; on attend même son prochain retour.

—

Discours du Président, M. Samuel Brown.

Ce titre de science économique et statistique comprend des questions d'une étendue si grande, d'un intérêt si puissant, d'une importance si considérable, qu'il est très-difficile de choisir les objets plus dignes d'attention, même alors qu'on voudrait se borner à l'histoire des progrès accomplis dans l'année écoulée ; je ne toucherai donc qu'à quelques faits principaux. Le sujet qui depuis un an a le plus préoccupé et préoccupe encore vivement les esprits, est celui de l'éducation technique. La discussion relative à cette question, surtout par la comparaison entre l'Angleterre et les différentes régions du monde industriel, a été suivie avec une grande vivacité, depuis que les diverses nations se sont trouvées en présence à l'exposition universelle de 1851, dont le succès a été dû principalement à l'intelligence élevée, à la volonté forte du prince Consort dont nous pleurons encore la perte. Les conclusions du rapport de la commission chargée par l'association britannique d'étudier les meilleurs moyens de promouvoir l'éducation scientifique dans ce pays, présenté dans l'avant-dernière réunion à Nottingham, avait un caractère de haute utilité pratique, et demandait que les sciences naturelles fussent enseignées dans toutes les écoles ; qu'on consacrât au moins trois heures par semaine à l'instruction scientifique ; que relativement aux récompenses et aux prix à décerner, cette instruction fût mise sur le même pied que les mathématiques et les langues modernes ; que les institutions et les colléges fussent invités à en faire l'objet d'examens ; qu'on fit sentir enfin aux autorités des colléges la nécessité de fonder des leçons, des pensions, des bourses, des places de professeurs et d'agrégés, etc.

Le rapport du comité chargé au commencement de cette année par la conférence réunie au nom de la Société des arts, a déclaré que l'éducation technique, telle qu'il la comprenait, ne regardait pas l'instruction manuelle artistique que l'on donne dans les divers ateliers, et doit comprendre surtout une instruction générale dans toutes les branches des sciences, dont les principes sont applicables aux diverses occupations de la vie. Elle doit être donnée non pas dans des institutions professionnelles séparées, mais dans des institutions d'éducation générale ; il est à désirer qu'on établisse des écoles dont le but principal soit l'enseignement de la science, en tant que culture de l'esprit ; il est nécessaire d'introduire l'enseignement scientifique dans les écoles secondaires ; l'instruction scientifique plus élevée doit être contrôlée par des examinateurs publics, et les progrès des élèves certifiés par des diplômes ; on pourrait attendre de grands progrès dans l'éducation technique, si les chefs d'industries donnaient généralement la préférence à ceux qui prouvent qu'ils sont suffisamment initiés aux sciences qui reçoivent leur application dans l'exercice des fonctions qui leur sont confiées. Telles sont les conseils pratiques du rapport; mais la question elle-même soulève presque toutes les considérations et toutes les théories qui se rattachent à la discussion générale de l'immense thèse de l'éducation d'un peuple. Si l'instruction des écoles du dimanche est devenue plus complète et meilleure, pourquoi n'en serait-il pas de même des écoles primaires? Les tentatives faites jusqu'ici pour rendre les cours de science et les laboratoires accessibles aux classes ouvrières ne semblent pas avoir été vraiment couronnées de succès; il ne paraît pas non plus, qu'en règle générale, les chefs d'ateliers naturellement appelés à bénéficier les premiers de l'accroissement d'intelligence et d'instruction de leurs ouvriers, aient suffisamment encouragé les efforts des hommes dévoués, dans un sentiment de patriotisme éclairé, à l'amélioration de l'enseignement public. Après avoir signalé les efforts privés, tentés pour l'avancement de l'instruction technique, le président reconnaît qu'on ne s'est pas encore entendu sur la manière dont le gouvernement peut seconder plus efficacement ces efforts. En somme, cependant, il semble que la meilleure manière pour le gouvernement d'exercer son action est d'étendre le système des subventions accordées aux efforts locaux, d'ajouter aux émoluments des professeurs dont il sera démontré qu'ils possèdent l'instruction de degré supérieur et que leur enseignement a été efficace sur une échelle suffisante; d'aider à la construction ou à l'achat de nouvelles écoles ayant un caractère scientifique propre, lorsque la nécessité s'en fera sentir. Par-dessus tout, le stimulant des dotations et des pensions d'un chiffre suffisant, ou l'offre faite par le gouvernement de nommer, en les payant, les professeurs de l'enseignement scientifique, pourraient être d'une application éminemment profitable, et seraient un très-bon emploi des revenus de l'État.

Un autre sujet vital, intimement lié avec la grande nécessité de faire garder à la nation la position qu'elle occupe dans sa lutte avec l'étranger, et d'assurer sa paix au dehors, sa prospérité au dedans, est le rapport du salaire avec le capital. L'opinion que le travail et le capital ne doivent pas être en antagonisme nécessaire et incessant, que chacun ne doit pas continuer à faire tous ses efforts pour maintenir l'autre dans ses justes limites, opinion qui ne peut être entretenue que par une ignorance complète de leurs fonctions relatives, perd chaque jour du terrain ; et les plus ardents efforts de quelques-uns des chefs d'industries les plus éclairés et les plus pratiques prenant en considération l'accroissement d'intelligence et l'amélioration des sentiments que la conciliation ferait naître chez les classes ouvrières, ont amené de nobles projets dans le but de concilier les camps opposés, et de les amener à travailler ensemble dans une heureuse harmonie. Une commission générale d'hommes très-influents s'est formée sous les auspices de l'association générale pour la promotion des sciences sociales ; et dans une grande réunion des lords présidée par le très-honorable M. W. E. Gladstone, on a sérieusement débattu la question et arrêté les principes à suivre dans la poursuite de ce but capital. Mais si l'œuvre à accomplir est une des plus laborieuses que l'on puisse entreprendre, il faut au moins espérer que, dans une certaine proportion, le système maladroit et barbare des grèves et des interdictions d'ateliers, qui détruisent à la fois et les petites épargnes de l'ouvrier et le capital dont il attend l'accroissement de son salaire, qui entretient une source incessante d'irritation et de mauvais sentiments, sera condamné et flétri comme manière d'agir insensée et homicide. Les associations professionnelles, *Trades Unions*, sont regardées par plusieurs comme utiles et efficaces, à la condition qu'elles ne feront pas la ruine du commerce et le malheur de la nation, et que leurs membres poursuivront leur objet propre sans vouloir violenter les autres. Mais comment, sans violence et sans oppression, pourraient-elles atteindre leur but? La limitation du temps du travail, l'abaissement des ouvriers les plus sobres, les plus industrieux et les plus intelligents au niveau moyen des plus mauvais et des plus inhabiles, l'exclusion des apprentis, et l'effet cruel de réaction sur les autres branches de commerce ou des manufactures, dont les chefs, sans avoir aucune envie de se mettre eux-mêmes en grève, mais parce que leur avenir dépend de la production continue de ceux qui ne veulent pas travailler, transportent naturellement leur capital dans une autre contrée ou l'appliquent à d'autres industries, laissant ainsi le malheureux ouvrier infatué de ses prétendus droits, aveuglé sur ses propres intérêts, en présence d'un horizon beaucoup plus sombre quel orsqu'ils ont commencé leur grève.

M. Brown propose ensuite un mode plus efficace de coopération, faisant appel directement à l'intérêt personnel des classes ouvrières, celui des associations ou sociétés industrielles dans lesquelles les maîtres et les ouvriers s'uniraient ensemble, et dont l'adoption, il le croit du moins, ferait évanouir la plus grande partie des difficultés entre le travail et le capital. La part convenable de bénéfice à attribuer au travail dépend, sans aucun doute, de la proportion pour laquelle le travail entre dans les dépenses de la production, et de l'écoulement sur les marchés.

M. Brown jette ensuite un coup d'œil sur la position passée et présente des compagnies d'assurance; il fait ressortir l'importance de cette découverte et des lois de la mortalité; il exprime le regret que nous n'ayons aucun renseignement authentique sur le montant total des assurances dans chaque industrie de la contrée.

Une des conditions les plus importantes du progrès social et international dans un pays quelconque, est la facilité des relations et des échanges entre les individus, et spécialement les communications fréquentes par lettre ou de vive voix. De bonnes routes et de bons chemins de fer, se prêtant au transport rapide et à bon marché des voyageurs, des denrées et des marchandises, sont essentiels au développement du commerce intérieur. L'extension annuelle du système postal et télégraphique en Angleterre est une preuve frappante de l'activité d'esprit et des accroissements du commerce intérieur. Le succès de l'administration des postes, son empressement éclairé à adopter tous les perfectionnements qu'on lui propose, et à répondre à tous les besoins du public, nous font espérer que la proposition d'achat de la propriété électrique, sur toute la surface du royaume, dans le but de placer la poste et le télégraphe sous la main d'une même administration, regardée par plusieurs comme une concurrence dangereuse faite à l'industrie privée, sera pour la nation un bienfait éminent. Par cela même qu'elle est déjà en possession de bureaux chargés de distribuer les lettres et d'acquitter les mandats d'argent, bureaux dont les employés se chargeront volontiers, à la condition d'une petite augmentation d'appointements, de manier le télégraphe dans les localités où les compagnies n'auraient aucun intérêt à créer de nouvelles stations qui ne feraient pas leurs frais, l'administration des postes sera à même de compléter le réseau et de répondre aux nombreuses demandes d'extension qui se manifestent chaque jour.

Le président rappelle ensuite que les Conférences sur les poids et mesures ont été unanimes à recommander l'adoption pure et simple du système métrique. Il dit un mot des conférences monétaires ; il fait ressortir les difficultés et les différences d'opinions relatives à l'adoption d'une même unité monétaire, d'un titre commun des monnaies d'or et d'argent, d'une monnaie métallique courante et uniforme, servant pour les échanges entre les nations, etc. Il reconnaît, néanmoins, que dans l'année qui vient de s'écouler, il s'est fait un grand mouvement, en Angleterre et partout, dans le sens de l'unité absolue. Enfin, après quelques mots sur le congrès de statistique internationale, la valeur des congrès en général et des réunions semblables à celle de l'Association britannique, il conclut ainsi.

Dans la science politique et économique, les statistiques peuvent être considérées comme des collections d'expériences dont les résultats nous montrent le travail caché des lois qui régissent la condition sociale de l'homme et ses progrès dans la civilisation. L'accroissement et le décroissement de la population, la liberté du capital et les droits du travail, les devoirs d'une éducation volontaire ou forcée, l'étendue de l'intervention du gouvernement dans le travail et les manufactures, les rivalités de prix, les principes du commerce, les moyens les plus efficaces de suppression ou de prévention des crimes, la théorie des impôts et des emprunts nationaux, et une multitude de questions semblables sont toutes gouvernées par des règles mystérieuses qui dominent la volonté de l'homme, gênée et maintenue en place par les actions similaires des autres. Ces lois mystérieuses se révèlent quelquefois à nous comme un éclair par leur action irrégulière dans des conditions forcées et anomales, et quelquefois aussi parce qu'il nous est arrivé de découvrir et d'agir en conformité avec la loi naturelle qui les régit. Mais comme la société est dans un état de changement perpétuel, ce que nous avons découvert et pris pour la vérité se montre souvent insuffisant à rendre compte des phénomènes nouveaux qui se présentent. C'est seulement en étendant les observations de la sphère étroite d'une seule contrée ou d'une seule classe, à toutes les contrées ou à toutes les classes, par des collections uniformes de statistique, comme le font actuellement tous les gouvernements, sous la condition de noter les différences aussi bien que les analogies, de confesser et de corriger les erreurs, de comparer les effets des mêmes usages, dans des conditions diverses d'interférences, que nous pouvons jeter quelque lumière sur quelques-uns des problèmes de l'économie sociale et politique des civilisations modernes.

—

Discours du président, M. G.-P. Bidder.

« Le principal but de l'Association est l'application de la science aux grands objets de la vie, et le but spécial de cette section est l'application des lois de la science de l'équilibre et du mouvement aux opérations mécaniques, pour le bien-être du genre humain en général. En mécanique, nous avons cet avantage que les lois que nous appliquons sont certaines et que les applications que nous en faisons, sont utiles et bienfaisantes. » Ces préliminaires posés, M. Bidder se propose de toucher tour à tour à divers sujets qui préoccupent en ce moment l'attention publique, en commençant par la grande question des eaux. Approvisionner les villes d'eau, faire servir ces eaux aux travaux des manufactures et à d'autres objets, empêcher que ces eaux soient polluées par les résidus des fabriques et par les vidanges des villes, ce sont autant de questions d'un haut intérêt et de très-grande importance ; on pourrait même dire que ce sont les questions à sensation dans le domaine de la mécanique professionnelle.

Que l'on considère les rivières de l'Inde, de l'Amérique,

du continent européen ou du Royaume-Uni, on les verra
toutes gouvernées par les mêmes lois générales. On trouvera
que les plus grandes pluies tombent sur les régions élevées,
que les eaux descendent le long des pentes des montagnes
et forment des rivières qui coulent dans les vallées, appro-
visionnant les villes bâties sur leurs bords, fournissant des
moyens précieux de transport des produits du commerce
d'un lieu à l'autre. On dit que la quantité de pluie qui tombe
sur l'Himalaya s'élève à 10 mètres par an, tandis que, dans
le voisinage de Norwich, la pluie n'est que de 50 centimètres par an. M. Bidder a entendu dire à Robert Stephenson
qu'un jour, en une demi-heure, le lit du Gange s'est élevé
de 20 centimètres, par une chute de pluie. La connaissance de la quantité de pluie qui tombe dans les divers lieux
est si importante, qu'il semble au président que l'Association
devrait prier le gouvernement de l'aider à faire des recherches certaines sur les quantités totales d'eau qui tombent le
long du cours des différentes rivières, les quantités partielles
d'eau qui tombent à certaines périodes déterminées, et les
phénomènes météorologiques qui accompagnent la chute
de la pluie. Des observations de ce genre, faites pendant
une série d'années, mettraient les ingénieurs en possession
d'une collection de données qui seraient pour eux un guide
précieux. Ces remarques trouvent leur application aux rivières du voisinage de Norwich. La Vensam et la Yare con-
vergent un peu au-dessous de la ville ; elles sont rejointes
par la Waweney et par la Bure, qui a son embouchure dans
le port de Yarmouth. Il n'est guère douteux qu'il y avait
autrefois à Yarmouth un bassin où le flux et le reflux se fai-
saient sentir ; mais que les eaux ont été resserrées par les
sables qui ont formé les dunes, le long de la côte, dans
l'étroit canal qui coule à travers Gorleston. On croit que,
primitivement, la Waweney coulait à travers le lac de Mut-

ford, batardeau construit, sur l'avis de quelque ingénieur hollandais, pour arrêter le mouvement de la mer. Quoi qu'il en soit, il est certain que le cours entier de la rivière, depuis Norwich jusqu'à Yarmouth, était maintenu par une chute de pluie de 10 à 12 centimètres. Il résultait de ce fait de très-grands avantages pour le district : l'eau ne contenait pas beaucoup de matières en dépôt, le joli courant d'eau de la rivière se maintenait à une hauteur suffisante pour la navigation, et il ne détruisait pas les rives formées de matériaux mous. Les facilités accordées à la navigation par la rivière étaient telles que les bateaux, entre Norwich et Yarmouth, ont fait jusqu'à ce jour une concurrence sérieuse au chemin de fer. Les eaux des diverses rivières sont soumises à des lois qui sont fidèlement gardées jusqu'au moment où elles arrivent en contact avec la marée ; ce fait est devenu l'élément d'une discussion qui a donné lieu à une grande diversité d'opinions et même à quelques litiges. Yarmouth était entouré d'une vaste étendue de sable, dont la conséquence était que la marée, des deux côtés, à Aldoborough et dans le port de Lynn, s'élevait au printemps de 5 à 6 mètres, tandis qu'à Yarmouth elle ne s'élevait pas à 2 mètres. L'écurage du port par la marée était considérablement réduit ; il fallait faire de très-grandes dépenses pour maintenir la barre et augmenter le tirant d'eau. Mais, si la marée était aussi haute à Yarmouth que des deux côtés, il n'est pas certain qu'elle ne produirait pas des résultats désastreux. Faut-il maintenir la barre ? combien de profondeur faut-il accorder à la rivière, combien à la marée ? Les opinions, sur ces divers points, sont très-partagées ; M. Bidder croit que l'Association pourrait aider puissamment à l'élucidation de cette grave question, en obtenant, des autorités de Yarmouth et de Lowestoff, la collection des données nécessaires. Lorsque l'Association fut sur le point de se réunir à Exeter, des informations semblables furent demandées et obtenues à l'avance par l'Association, relativement à l'embouchure de l'Exe et aux effets des marées sur les divers ouvrages qu'on y a construits. Le résultat déjà signalé des deux rivières, à Yarmouth, avait été de donner à ce port le monopole du commerce ; et ce monopole était si nuisible, que, il y a quarante-trois ans, sir William Cubitt obtint un acte du parlement autorisant la construction d'un port à Lowestoff, avec cette clause que le capital de l'entreprise serait fourni principalement par la cité de Norwich ; mais l'argent souscrit fut insuffisant. Les constructions ne furent pas faites sur l'échelle nécessaire pour donner au mouvement du port une portée vraiment utile ; et, tant que le chemin de fer n'eut pas pris à sa charge les frais du port de Lowestoff, et ne l'eut pas fait ce qu'il est, les grands avantages que Yarmouth pouvait procurer au district entier ne furent jamais réalisés. Alors, en effet, les habitants de Yarmouth se mirent, de leur côté, à améliorer leur port, à modifier heureusement les conditions de la navigation, à diminuer les charges du port, au grand avantage de Norwich et des districts environnants. Il y a maintenant deux ports, à quelques kilomètres l'un de l'autre, et formés sur des principes totalement différents ; le niveau de celui de Yarmouth étant maintenu par le courant d'eau formé par le sol, tandis que le niveau de celui de Lowestoff est maintenu en partie par le dragage, parce qu'il n'y a là aucune eau de rivière, à l'exception toutefois d'un petit ruisseau qui entre dans le port quand on l'ouvre pour faire passer les navires. M. Bidder est convaincu qu'une étude approfondie, faite par des personnes compétentes, prouverait que l'eau des rivières procure de très-faibles avantages au port de Yarmouth, et que, si l'on faisait déboucher les rivières dans la mer, dans d'autres directions, on rendrait à la culture une quantité considérable de terrains situés dans le voisinage, et devenus aujourd'hui improductifs par les eaux débordées des rivières et de la marée.

Un autre sujet dont M. Bidder a parlé comme se rattachant à la question des eaux, est une entreprise qui a excité grandement l'attention du monde entier, le canal de Suez, bientôt terminé et dont le succès sera, sans aucun doute, accepté avec une pleine satisfaction par tous les hommes bien pensants. Ce canal passe par ce que l'on a appelé le *lac Amer*, situé au centre d'une dépression du sol de 44 mètres au-dessous du niveau de la mer Rouge. Ce lac était à sec, et il fallait arriver à le remplir par les eaux de la mer Rouge, à travers une distance de 24 kilomètres. La surface du lac a été évaluée par les ingénieurs français à 500 millions de yards carrés, plus de 350 milles carrés. L'évaporation de l'eau en Egypte se fait avec une vitesse moyenne d'un pouce par jour; la quantité d'eau évaporée sur la surface du lac sera donc de 3 milliards de pieds cubes par jour, ou de 2,500 pieds cubes par minute. Le niveau de la mer Rouge est abaissé par les vents du nord, durant trois mois sur douze; et soulevé de près de deux mètres par les vents du sud. Cela posé, qu'arrivera-t-il quand le lac Amer aura été rempli d'eau? L'énorme évaporation d'un pouce par jour, correspondant à une chute de pluie de 365 pouces par an, devra nécessairement exercer quelque influence sur l'atmosphère de la contrée environnante; et il sera important qu'on la surveille avec soin, en faisant les observations les plus exactes.

M. Bidder passe ensuite à la marine anglaise, dont, dit-il, certains départements ne sont pas dans une condition qui satisfasse pleinement le pays. Le seul désir du peuple anglais est que nous ayons les meilleurs navires qu'il soit possible d'obtenir; or, il semble à M. Bidder, et tous les

hommes compétents seront sans doute d'accord avec lui,
qu'avant de procéder à la construction d'un nouveau vaisseau quelconque, il faudrait bien établir à l'avance la vitesse
et les autres qualités à lui donner. Une règle fondamentale
à suivre dans la marine, est que les opérations combinées
d'une flotte puissent être conduites avec un ensemble et une
certitude en quelque sorte absolue. De fait, les vitesses de
tous les navires d'une flotte doivent être les mêmes, autant
du moins qu'il est possible ; cette question de vitesse est de
la plus grande importance, et c'est elle qu'il faut d'abord
prendre en considération ; car il serait peu utile d'armer un
vaisseau des meilleurs canons, de le revêtir des plaques de
fer les plus impénétrables, s'il ne peut pas marcher de con-
serve avec un vaisseau plus faible mais plus rapide. La bat-
terie d'un navire doit être installée de telle sorte que l'utilité des canons ne soit pas considérablement amoindrie.
L'amplitude du roulis du navire doit être évaluée *à priori*,
ce qui est possible, parce que les lois qui régissent le roulis
d'un navire sont accessibles aux mathématiques. Toutes ces
données évidemment doivent être acquises avant qu'on dépense cinq ou six millions dans la construction d'un nouveau vaisseau. M. Bidder ajoute qu'il n'est pas digne de
l'amirauté ou d'un constructeur de navires, de lancer un
vaisseau en mer avant de savoir si son roulis et son tangage
seront énormes ou très-faibles. L'aptitude des navires à na-
viguer aisément par des gros temps et des mers houleuses,
dépend principalement de la répartition des poids ; et il
arrive souvent que cette circonstance suffit seule à expliquer
le renversement des vitesses relatives des navires dans le
passage d'une mer calme à une mer agitée, ou réciproque-
ment. Évidemment des essais en eau calme ne suffisent en
aucune manière à la détermination de la vitesse d'un navire ; et il faut absolument que l'épreuve se fasse en pleine

mer, sous la direction d'une commission composée d'hommes dont la compétence et l'indépendance ne puissent être suspectes à personne. Quant à la protection à donner aux navires par les cuirasses en fer, M. Bidder pense qu'elle ne doit être qu'un accessoire de la vitesse et de la stabilité; et, relativement à la propulsion, il pense qu'avant que le pays consacre une forte somme à un système nouveau, comme cela a eu lieu récemment, il faut, avant tout, s'assurer de sa bonté, et qu'il ne reste aucun doute sérieux sur le point capital de l'application du combustible; on doit savoir si elle se fait dans des conditions d'économie ou de dépense minimum. En ce qui concerne les défenses de nos côtes, M. Bidder dit faire partie d'un corps de volontaires qui ont considéré la question dans le but d'exprimer leur avis au gouvernement de Sa Majesté; et le premier objet qu'ils ont considéré était la défense de la côte est de l'Angleterre, la plus facilement abordable incontestablement à l'ennemi, de toutes les parties du royaume; et, sans vouloir trahir aucun secret, il croit pouvoir dire que cette côte peut être aisément défendue par la seule adoption de moyens judicieux, et sans l'érection des énormes forts que l'on a construits sur la côte sud. Le progrès de la science de l'artillerie a mis heureusement fin au système des embrasures; et l'on a trouvé que les hommes seraient plus en sûreté sur une ligne de pays ouverte derrière eux, que lorsqu'ils sont entassés sur un point donné, entre des embrasures où le feu d'une puissante artillerie peut se concentrer sur eux. Il pense qu'il est grandement nécessaire que la question tout entière de l'application de la poudre-coton à l'artillerie soit prise en grande considération et déterminée d'une manière absolue.

M. Bidder parle ensuite du télégraphe électrique, et fait allusion au télégraphe indo-européen, dont l'achèvement doit être mené à bonne fin par M. Siemens; il exprime l'espoir que, sous peu, l'Angleterre sera en possession d'une ligne de communication avec l'Inde, complétement indépendante, par la voie de Gibraltar et du cap. Il traite enfin de l'éducation technique, en insistant sur ce point qu'on doit, avant tout, prendre en considération la branche d'étude ou de travail à laquelle l'élève veut consacrer sa carrière, et établit que la base de toute bonne éducation est une connaissance saine des lois de la mécanique.

doit être mené à bonne fin par M. Siemens; il exprime l'espoir que, sous peu, l'Angleterre sera en possession d'une

—

Un morceau de craie.

La craie forme un élément important de la croûte terrestre : Quelle est cette matière si répandue, entrant pour une
si large part dans la composition de la surface de la terre,
et d'où provient-elle ? Nous savons tous que, si nous cal-
cinons de la craie, nous obtenons de la chaux vive. La
craie, en un mot, est un composé de gaz acide carbonique
et de chaux, et, quand vous la portez à une haute température, le gaz acide carbonique se dégage et la chaux reste...
A l'œil nu, la craie paraît être tout simplement une sorte de
pierre au grain grossier. Mais il est possible de couper la
craie en une tranche assez mince pour que l'on puisse voir
à travers, et même l'étudier au microscope...

Sa masse générale consiste en granules très-petits; puis,
ensevelis dans cette matière, on distingue des corps en
quantité innombrable, les uns plus petits, les autres plus
grands, n'ayant guère, en moyenne, qu'un centième de
pouce de diamètre, et présentant toutefois une forme et une
structure bien définies. Un pouce cube de quelques spéci-

mens de craie peut bien contenir des centaines de mille de
ces corps formés d'incalculables millions de granules.....
Si l'on frotte dans l'eau un peu de craie avec une brosse,
et qu'on transvase le liquide laiteux de façon à obtenir des
dépôts de différents degrés de finesse, on parvient à séparer
les uns des autres, les granules et les petits corps arrondis,
et l'on peut les soumettre à l'examen microscopique,
soit comme objets opaques, soit comme objets transparents.
En combinant les vues obtenues par ces différentes méthodes, on peut prouver que chacun de ces corps ronds est
un corps calcaire admirablement construit, composé d'un
certain nombre de cellules communiquant librement l'une
avec l'autre. Ces corps à cellules affectent différentes formes.
L'une des plus connues ressemble un peu à une framboise ;
elle est composée d'un certain nombre de cellules, presque
globulaires, de différentes grandeurs et réunies ensemble :
on l'appelle *globigerine*, et quelques spécimens de craie,
se composent preque entièrement de *globigerines*.... En
1853, le lieutenant Brooke, au moyen de son appareil, ra-
mena à la surface, de la boue du fond de l'océan Atlantique, dans un sondage fait entre Terre-Neuve et les Açores,
à une profondeur de plus de 10,000 pieds ou 2 milles. On
envoya les spécimens à Ehrenberg (de Berlin) et à Bailey
(de West-Point), pour qu'ils les examinassent. Ces habiles
microscopistes découvrirent que cette boue provenant d'une
si grande profondeur, était presque entièrement composée
de squelettes d'organismes vivants, et que la plus grande
partie ressemblait exactement aux *globigerines* de la craie.
Des *globigerines* de toutes les grandeurs, depuis les plus petites jusqu'aux plus grandes, se trouvent dans cette boue de
l'Atlantique, et les cellules de beaucoup d'entre elles sont
remplies d'une matière animale molle.

Cette substance molle est, en somme, ce qui reste de la

créature à laquelle la coquille, ou plutôt le squelette de la globigérine doit son existence. C'est un animal excessivement simple ; ce n'est même qu'une particule de gelée vivante, sans aucune partie définie, sans bouche, sans nerfs, sans muscles, sans organes distincts, et ne manifestant sa vitalité, à l'observation ordinaire, que par l'extension et la contraction des filaments qui lui servent de bras et de jambes.

Cependant cette particule amorphe, privée de ce que, dans les animaux d'un ordre plus élevé, nous appelons des organes, est capable de sentir, de croître et de multiplier, de séparer de l'Océan la petite proportion de carbonate de chaux que l'eau de mer tient en solution ; de se faire un squelette de cette substance, et cela sur un modèle qui ne peut être imité par aucun autre moyen connu....... Ces créatures étonnantes vivent et meurent dans les profondeurs où on les trouve.....

En étudiant les spécimens provenant des sondages opérés par le capitaine Dayman, je fus surpris de voir qu'une grande partie de ce que j'ai appelé des « granules, » n'est pas, comme on serait tenté tout d'abord de le croire, une simple poudre, de purs débris provenant des *globigerines*, mais qu'ils ont une forme et une grandeur définies. Je les appelai des cocolithes, et pensai qu'ils pourraient être d'une nature organique.

M. le docteur Wallich vérifia mon observation, et y ajouta l'intéressante découverte, qu'assez souvent des corps semblables à ces cocolithes se groupent en sphéroïdes, qu'il appelle des cocosphères..... Il y a quelques années, M. Sorby, en comparant ces corps microscopiques avec ceux provenant des sondages de l'Atlantique, remarqua qu'ils sont identiques, et prouva ainsi que la craie, de même que la boue de l'Océan, contient ces corps mystérieux, les cocolithes et les cocosphères.

Voilà donc une nouvelle preuve fort intéressante de l'identité essentielle de la craie avec la boue actuelle de l'Océan. *Les globigerines*, les cocolithes et les cocosphères, qui en sont les principaux constituants, prouvent la similitude générale des conditions dans lesquelles elles ont été formées.... La craie a été bâtie çà et là par les *globigerines*. Cependant, cette boue durcie d'une ancienne mer présente les restes d'animaux d'un ordre plus élevé, qui ont vécu, qui sont morts, et ont laissé leurs squelettes dans la boue, de même que les huîtres vivent, meurent et laissent après elles leurs écailles dans la boue des mers actuelles.... On a découvert dans les fossiles de la craie, les restes de plus de 3 000 espèces distinctes d'animaux aquatiques. La grande majorité de ces espèces se rencontrent aujourd'hui dans la mer ; les groupes qui disparaissent s'y trouvent côte à côte avec les groupes qui représentent aujourd'hui les espèces dominantes. Ainsi la craie contient les restes de ces étranges reptiles, qui pouvaient voler et nager, le ptérodactyle, l'ichthyosaurus et le plésiosaurus, qui ne se trouvent pas dans les dépôts plus récents, mais qui abondent dans les âges précédents. Les coquillages à cellules appelés les ammonites et les bélemnites, qui caractérisent la période précédant l'époque crétacée, ont disparu avec elle.

Il est probable, je pense, que des observations critiques, faites par des hommes sans préjugés, prouveront que plus d'une espèce d'animaux d'un ordre plus élevé a eu une existence aussi longue : le seul exemple que je puisse citer à présent est la *terebratulina caput serpentis*, qui vit dans nos mers anglaises, et qui abondait, comme la *terebratulina striata* des auteurs, dans la craie.

Nous ne pouvons nous empêcher, en admettant les nombreux changements qu'a subis un endroit donné de la surface du globe, tantôt terre, tantôt mer ; nous ne pouvons, dis-je, nous empêcher de nous demander quelle a été la cause de ces changements. Puis, quand nous les avons expliqués comme ils doivent l'être, par de lents mouvements alternatifs d'élévation et de dépression qui ont affecté la croûte de la terre, nous allons plus loin et nous demandons : pourquoi ces mouvements ?

Tout ce qu'on peut dire, c'est que ces mouvements sont dans le cours ordinaire de la nature, car ils se produisent encore sous nos yeux. On a la preuve certaine que quelques parties de l'hémisphère du nord se soulèvent aujourd'hui insensiblement ; on a en outre des preuves indirectes, mais très-satisfaisantes, qu'une superficie énorme recouverte aujourd'hui par l'océan pacifique s'est abaissée de plusieurs milliers de pieds, depuis que les animaux qui habitent cette mer ont commencé d'exister.

Aussi n'y a-t-il pas à douter un seul instant que les changements physiques du globe dans le passé résultent des causes naturelles seules.

Y a-t-il plus de raisons pour croire que des modifications qu'ont subies les formes des habitants du globe proviennent d'une autre cause ?

Les crocodiles sont des animaux qui, comme groupe, remontent à une très-haute antiquité, on les trouve en abondance dans des couches bien plus anciennes que la craie ; ils abondent aujourd'hui dans les rivières des pays chauds. Les crocodiles de la craie ne sont pas identiquement les mêmes que ceux qui vivaient dans les temps appelés « la vieille époque tertiaire, » qui a succédé à l'époque crétacée ; et les crocodiles des vieux terrains tertiaires ne sont pas identiques avec ceux des nouvelles couches tertiaires, ni ces derniers, avec ceux d'aujourd'hui.

Chaque époque a eu ses crocodiles particuliers, bien que tous, depuis la craie, appartiennent au type moderne et n'en fférent que par leurs proportions et des détails de forme qui ne peuvent être remarqués que par des yeux exercés.

Comment expliquer cette longue série de différentes espèces de crocodiles? Aucune raison ne me porte à croire à la création distincte d'une quantité d'espèces successives de crocodiles pendant le cours de siècles innombrables. La science ne soutient pas une idée aussi absurde. Je ne crois pas d'ailleurs que même l'ingénuité des commentateurs de la Bible puisse découvrir cette explication dans les simples paroles dont l'auteur de la *Genèse* se sert pour rappeler le cinquième et le sixième jour de la création... D'un autre côté, je ne vois pas de raison pour repousser l'autre explication, c'est-à-dire que toutes ces différentes espèces proviennent d'une forme préexistante de crocodiles, modifiée par l'opération de causes faisant aussi complétement partie de l'ordre commun de la nature que celles qui ont présidé aux changements du monde inorganique.

Qui osera affirmer que ce raisonnement, qui s'applique aux crocodiles, ne peut s'appliquer aussi aux autres animaux et aux plantes ? Si une série d'espèces a été produite par l'opération de causes naturelles, ce serait folie de nier que toutes aient été produites de la même façon.

La craie, dans quelques endroits, a plus de mille pieds d'épaisseur. Il a fallu quelque temps pour que des squelettes d'animalcules n'ayant qu'un centième de pouce de diamètre, formassent une semblable masse... Il est non-seulement certain que la craie est la boue d'une ancienne mer, mais il n'est pas moins certain que cette mer, où s'est produite la craie, a existé pendant une période excessivement longue... L'époque du diluvium, comparée à l'époque de la craie, n'est qu'un dépôt tout jeune encore. Dans un des plus charmants endroits de la côte de Norfolk, vous verrez l'argile formant une vaste masse qui repose sur la craie, et qui, par conséquent, a dû être déposée après elle. La craie est certainement plus ancienne que l'argile. Entre la craie et le diluvium se trouve une couche comparativement insignifiante, contenant des matières végétales. Cette couche raconte une histoire étonnante. Elle est pleine de troncs d'arbres debout, dans la position où ils ont végété. On y trouve des pins avec leurs cônes, des noisetiers avec leurs noisettes, des troncs de chênes, d'ifs, de hêtres et d'aulnes. Aussi a-t-on avec raison appelé cette couche « la couche forestière. »

Il est évident que la craie a dû être soulevée et convertie en terre sèche avant que les arbres forestiers aient pu croître dessus. Comme les troncs de ces arbres ont de deux à trois pieds de diamètre, il n'est pas moins évident que la terre sèche ainsi formée est restée dans les mêmes conditions pendant une longue période. Les restes de chênes et de pins magnifiques ne sont pas les seules preuves de cette longue durée, nous en avons un autre témoignage : ce sont les restes nombreux d'éléphants, de rhinocéros, d'hippopotames et d'autres grandes bêtes fauves qui y ont été trouvés... Il y a une inscription sur les dunes perpendiculaires de Crosne, et chacun peut la lire.

Elle nous dit, avec une autorité qu'on ne peut discuter, que, dans l'ancien lit de la mer, la craie a été soulevée, est devenue terre sèche et est restée telle jusqu'à ce qu'elle fût couverte de forêts habitées par les animaux dont les dépouilles réjouissent nos géologues. Cette terre sèche, avec les ossements et les dents de longues générations d'éléphants cachés dans les racines et les feuilles sèches de ses anciens arbres, s'abaissa graduellement au fond de la mer glaciale, qui la recouvrit d'immenses masses. Des animaux marins, tels que le walrus, qui ne se rencontrent plus aujourd'hui que dans l'extrême nord, circulaient autrefois à l'endroit où les oiseaux s'étaient perchés sur les rameaux

es plus élevés des pins. La boue glaciale, soulevée à son
tour, se durcit et forma le sol du Norfolk moderne. Les forêts poussèrent de nouveau ; le loup et le castor remplacè-
rent le renne et l'éléphant, et enfin commença ce que nous
appelons l'histoire d'Angleterre... La terre, depuis l'époque
de la craie jusqu'à notre époque, a été le théâtre d'une série
de changements aussi considérables que lents. Le terrain
sur lequel nous nous trouvons a été d'abord mer, puis terre ;
ces changements se sont produits quatre fois au moins, et
chacun de ces changements a duré un temps considérable.

Pendant la période de la craie ou « l'époque crétacée, »
aucun des grands traits physiques de notre globe n'existait
encore. Nos grandes chaînes de montagnes : les Pyrénées,
les Alpes, l'Himalaya, les Andes, ont tous été soulevés depuis le dépôt de la craie, et la mer crétacée recouvrait les
sites où se dressent aujourd'hui le Sinaï et l'Ararat.

Quelque grands qu'aient été ces changements physiques
du monde, ils ont été accompagnés d'une série non moins
étonnante de modifications dans les habitants du globe.
Bien peu de créatures vivantes aujourd'hui ressemblent à
ces anciennes créatures. Il est certain que pas un des animaux les mieux organisés n'appartenait aux mêmes espèces
que celles existant aujourd'hui. Les oiseaux de l'air ne res-
semblaient pas à ceux que l'œil de l'homme a vus voler.

C'est la population de la mer crétacée qui relie le plus
complétement les habitants de l'ancien monde aux habitants
du monde moderne. (*Extrait de la Revue des cours publics.*)

Rapport du Comité de l'Observatoire de Kew.

—

Nouveaux instruments construits pour l'Observatoire de Colaba dans les Indes orientales. — 1. Un assortiment de magnétomètres enregistreurs, pour retracer par la photographie les changements de déclinaison, de force horizontale et de force verticale. — 2. Electromètre de Thomson, disposé pour l'enregistration automatique par la photographie. — 3. Un barographe et un thermographe enregistreurs, d'après le modèle adopté par la commission météorologique.—4. Appareil pour mesurer et mettre en tableaux les courbes données par les instruments nommés ci-dessus. — 5. Appareils photographiques, plateaux de porcelaine, et boîtes pour papier et photographies.—6. Ozonomètre de Moffat, dans une boîte, avec un mouvement d'horlogerie et un cylindre tournant. — 7. Boussoles pour la mesure des déviations. — 8. Châssis tournant avec de grands bocaux en verre pour essayer les thermomètres.

Travaux de l'Observatoire. — Les déterminations mensuelles absolues des éléments magnétiques continuent d'être faites par M. Whipple, adjoint pour les observations magnéques ; et les magnétographes enregistreurs manœuvrent constamment comme ils l'ont fait jusqu'ici, toujours sous la direction de M. Whipple, qui a fait preuve de beaucoup de soins et d'habileté dans l'accomplissement de ses fonctions.

Les appareils photographiques associés aux instruments enregistreurs sont sous la direction de M. Page, assisté de M. Foster ; ces messieurs remplissent tous deux leurs fonctions d'une manière très-satisfaisante.

Les instruments météorologiques enregistreurs de Kew, de l'île Maurice et de Bombay, ont été munis d'un appareil de l'invention de M. Beckley, qui, les mettant en communication avec les horloges, interrompt la lumière toutes les deux heures, ce qui ajoute beaucoup à l'exactitude de la mesure du temps ; laquelle est la même pour le magnétographe de Kew que pour les autres instruments.

Sous la direction de M. Stewart, 787 courbes de déclinaison, obtenues depuis février 1865 jusqu'en avril 1867, ont été mesurées pour chaque heure, et le travail de la réduction est bien avancé. Les observations magnétiques faites à l'île de l'Ascension par le lieutenant Rokeby, de la marine royale, ont été presque toutes réduites par M. Whipple, et on se propose de communiquer les résultats à la Société royale.

Le Rév. W. Sidgreaves et M. Stewart ont entrepris de comparer entre elles les perturbations simultanées qui se sont produites dans les déclinaisons à Stonyhurst et à Kew, où les instruments ont la même échelle. Il paraît résulter de ces comparaisons qu'il y a une identité absolue entre les indications des instruments de ces deux stations, jusque dans leurs moindres détails. Mais les perturbations brusques paraissent exagérées à Stonyhurst, comparativement à celles de Kew. MM. Sidgreaves et Stewart étudient ce phénomène, dont la cause n'est pas dans les instruments, mais évidemment dans la nature, et ils se proposent de communiquer le résultat de leurs recherches dans un mémoire à la Société royale.

Les observations météorologiques continuent d'être confiées à M. Baker, qui s'acquitte de ses fonctions d'une manière très-satisfaisante. Depuis la réunion de Dundee, on a vérifié 77 baromètres, et 74 sont employés maintenant; on a pareillement vérifié 1 139 thermomètres, et on a construit 14 thermomètres étalons pour les thermographes de la commission de météorologie. On a encore soumis à l'épreuve 32 thermomètres pour thermographes, dont 24 pour le comité météorologique et 8 pour des opticiens.

Avec l'appareil à congeler l'acide carbonique, de M. Robert Addams, actuellement installé à Kew, on a déterminé le point correspondant à la température de la congélation du mercure pour deux thermomètres appartenant à la commission météorologique.

L'héliographe de Kew, confié aux soins de M. de la Rue, continue à fonctionner d'une manière satisfaisante. Dans le courant de l'année dernière, on a pris 224 négatifs en 140 jours. On a aussi obtenu 90 épreuves de la pagode dans les jardins de Kew, dans l'espérance de pouvoir déterminer exactement par ce moyen le diamètre angulaire du soleil.

MM. de la Rue, Stewart et Loevy ont publié, aux frais de M. de la Rue, une seconde série de recherches sur la physique solaire, ayant pour objet la distribution en latitudes héliographiques des taches du soleil observées par Carrington. Ces messieurs ont, en outre, communiqué à la Société royale deux mémoires intitulés : le premier, *Positions héliographiques et superficie des taches solaires observées avec le photohéliographe de Kew, dans les années 1862 et 1863*; le second, *Exposé de quelques observations récentes sur les taches du soleil, faites à l'Observatoire de Kew.*

On continue d'enregistrer les taches du soleil suivant la manière de Schwabe; un tableau, présentant les groupes de chaque mois observés à Dessau et à Kew pour l'année 1867, a été communiqué à la Société astronomique et publié dans les *Monthly notices*. Les mesures des épreuves de Kew pour l'année 1864 sont près d'être terminées; elles seront communiquées à la Société royale. On se dispose à travailler activement à celles des années précédentes, pour pouvoir faire une discussion finale.

Une des grandes occupations de l'observatoire de Kew, devenu l'Observatoire central de la Commission météorologique de l'État, a été la disposition, la vérification et l'établissement d'instruments enregistreurs, comprenant le thermographe, le barographe et l'anémographe. L'exactitude des indications automatiques de ces instruments est contrôlée par une comparaison avec les instruments étalons. Dans ce but, le comité de Kew a construit un thermomètre étalon à boule sèche et un autre à boule humide pour chaque thermographe, et il a vérifié un baromètre étalon pour chaque barographe. Lorsque les différents instruments enregistreurs ont été terminés par les opticiens, ils sont envoyés à Kew, où ils sont examinés et vérifiés. On les expédie alors aux stations respectives, où ils sont confiés aux soins de l'observateur qui a reçu préalablement ses instructions à Kew; enfin, M. Beckley, assistant mécanicien à Kew, se rend aux différentes stations et préside à l'établissement des instruments. Par son aide, l'opération est exécutée d'une manière complète et satisfaisante.

Les instruments destinés à convertir les observations en tableaux, opération qu'on désigne du nom de *tabulation*, sont tous construits et vérifiés à Kew avant d'être envoyés dans les observatoires respectifs.

Il a été résolu, par le Comité météorologique, que

M. Stewart visiterait personnellement, chaque année, to[us]
les observatoires, et que l'un des aides de Kew visiter[ait]
quelquefois certaines stations dans un but spécial. M. Stewa[rt]
a déjà visité Stonyhurst, Glascow et Aberdeen; et, en out[re]
des visites préliminaires faites par M. Beckley dans les di[f]-
férentes stations, M. Whipple en a fait une à Falmouth.

Ces inspections ne dispensent pas de contrôler de nou[-]
veau l'exactitude des résultats mis en tableaux qui sont en[-]
voyés à Kew des différentes stations. On y fait donc un exa[-]
men minutieux et constant de ces résultats, et lorsqu'u[ne]
erreur est découverte, elle est signalée tout aussitôt à l'a[t-]
tention de l'observateur qui l'a commise. Tout cela impl[ique]
que une somme de travail considérable, plus spécialemen[t]
au commencement de l'entreprise, et jusqu'à ce que l[es]
instruments des observatoires marchent bien régulièremen[t.]
Afin d'assurer l'exactitude et l'uniformité dans la réductio[n]
des indications de ces instruments, on a résolu d'établir u[n]
ensemble de règles sous la sanction du Comité.

A Kew, comme dans les autres observatoires de [la]
Commission météorologique, le barographe, le thermogra[-]
phe et l'anémographe sont continuellement en action. L[e]
barographe est établi dans la salle des magnétographes, o[ù]
les écarts diurnes de température sont très-faibles. La parti[e]
extérieure du thermographe est fixée au côté nord de l'Ob[-]
servatoire, vers l'ouest, et l'anémographe a été établi au[-]
dessus du centre du dôme, de manière à marcher avec l[e]
photohéliographe.

Les deux premiers de ces instruments donnent des tracé[s]
en double; l'un est envoyé au bureau météorologique et l'au[-]
tre est conservé à Kew; pour les indications de l'anémogra[-]
phe, on envoie le tracé original et on en garde un[e]
copie.

Nous sommes entrés dans ces détails pour donner un[e]

dée des soins extrêmes apportés maintenant en Angleterre aux observations météorologiques. Tout y est admirablement ordonné, dirigé, contrôlé, comparé, discuté, etc. En France, au contraire, qu'avons-nous, hélas! l'arbitraire, le décousu, etc., etc.

RÉUNION DE NORWICH

ANALYSE DES COMMUNICATIONS FAITES AUX DIFFÉRENTES SECTIONS.

Section A. — Sciences mathématiques et physiques.

Rapport de la commission lunaire, *par
M. W.-R. Birt, secrétaire.* — « Dans le courant de
l'année dernière, on a reproduit par la gravure une
nouvelle section de la lune d'une étendue superficielle
de 25 degrés, contenant 99 objets séparés, et on a imprimé le catalogue de ces objets. Plusieurs exemplai-
res de la planche et du catalogue ont été distribués à
ceux qui ont participé au travail ; d'autres sections de la
même étendue sont bien avancées. On a fait des observations
sur un grand nombre d'objets dans chaque aire, de même
que sur d'autres objets intéressants de la surface de la lune,

particulièrement sur le cratère de *Linné*. Grâce à la complaisance de M. Edward Grossley, esq., qui a bien voulu prêter au comité son télescope de 7,3 pouces d'ouverture et de 12 pieds de distance focale, cette partie des travaux de la commission a acquis beaucoup de valeur; on a commencé un examen systématique des objets reproduits par les photographies de MM. de la Rue et Rutherford, et on a obtenu quelques résultats précieux. Dans le cours de l'examen de ces objets, M. Birt a trouvé qu'il était nécessaire de partager les taches brillantes de la lune en deux classes; la première, comprenant les taches très-brillantes, et qui sont évidemment les pentes des montagnes ou les intérieurs de cratères; et la seconde, celles qui ne présentent pas un éclat aussi vif, mais qui paraissent comme des taches blanches, avec une douce lumière nébuleuse. Ces taches sont généralement arrondies dans leur forme, et leurs bords sont le plus souvent mal définis. M. Birt donne pour exemples la tache maintenant célèbre de *Linné*, un pic connu sous le nom de *Posidonius gamma*, toutes deux sur la large plaine appelée *Mare serenitatis*, une autre près du centre de la lune, et une quatrième, découverte par M. Schmidt, d'Athènes, un peu à l'est du cratère d'*Alpetragius*. Il résulte des observations de M. Birt, sur trois de ces objets, que lorsque le soleil, vu de leur position, est *bas*, ils sont des taches brillantes de la première classe; les flancs des montagnes et les pentes des cratères brillent d'un vif éclat et sont en même temps nettement définis. A mesure que le soleil s'élève au-dessus de leurs horizons, pour quelques-uns plus tôt, pour d'autres plus tard, l'aspect de la montagne ou du cratère s'évanouit et la tache blanche de seconde classe apparaît. Le rapport contient une discussion des observations de ces taches relativement à la hauteur et à l'azimut du soleil vu de ces mêmes taches; mais on comprend que les observa-

...ns ne sont pas encore assez nombreuses peur fixer exacte-
...ent les changements d'aspect produits par les changements
...altitude et d'azimut du soleil. Le rapport traite avec une
...rtaine étendue la question du changement de la surface
...e la lune, question qui n'est pas encore tranchée. Il est
...s-difficile de décider s'il y a eu quelque changement réel
...cause de l'incertitude où l'on est sur l'exactitude des des-
...ns et des descriptions qui ont d'abord été données, et à
...ause des changements extraordinaires éprouvés par cer-
...ns objets, changements qui ne sont pas du tout nouveaux,
...uisqu'ils avaient d'abord été observés par Schrœter. Avant
...u'on puisse arriver à une conclusion définitive, il est né-
...essaire de connaître la marche ordinaire des aspects pré-
...entés par les taches pendant un jour lunaire et dépendant
...e la hauteur et de la position du soleil dans le ciel ou de
...a lune. Quoique ce travail exige des observations faites
...vec un grand soin et une discussion rigoureuse, il semble
...ue de nombreuses observations, faites par des observateurs
...ont l'habileté est bien connue, conduiront à des résultats
...ui établiront la science de la sélénographie sur une base
...ien plus sûre que celle sur laquelle elle repose mainte-
...ant. Le charme principal de l'astronomie est dans l'étude
...es changements, des progrès, du développement et du dé-
...lin, et surtout des variations systématiques qui se produi-
...ent suivant des périodes régulières.

Sur les changements à la surface de la lune, *par* M. *le baron* Von Maedler.

Sur la valeur des preuves de changement à la surface de la lune, *par* M. W.-R. Birt. — L'auteur fait remarquer que les deux questions contradic-toires de la fixité ou du changement à la surface de la lune doivent être étudiées par l'observation et non par l'affirma-

tion. Les preuves de la fixité, tirées de l'observation, et no[n]
de considérations théoriques, doivent être extrêmement fai[-]
bles ; en effet, il est difficile de concevoir que l'état inalté[-]
rable de la surface de notre satellite puisse être démon[tré]
par l'observation, car si, comme on l'a affirmé : « tous l[es]
changements survenus à la surface de la lune ont cessé de[-]
puis des myriades d'années, » nous manquons absolume[nt]
d'observations relatives à l'état réel de cette surface, à d[es]
époques aussi reculées ; et si la *fixité* des détails très-pe[tits]
peut réellement être établie sur quelque point par une lo[n-]
gue série d'observations, cela ne peut pas être une preuv[e]
que cette fixité est générale, parce qu'un état de repos pe[ut]
être atteint, à des époques très-différentes, dans les différen[-]
tes régions. L'auteur procède ensuite à l'examen de la ques[-]
tion des changements, et il passe rapidement en revue le[s]
essais qu'on a faits pour perpétuer la connaissance de l'éta[t]
de la surface de la lune par le moyen de cartes, de dessin[s]
et de descriptions topographiques, en faisant remarquer qu[e]
c'est par l'étude des détails que la question des changement[s]
pourra être définitivement résolue. Ces détails sont nom[-]
breux ; il y a des montagnes, des vallées, des plaines, de[s]
cratères, des cirques qui paraissent presque remplis de ta[-]
ches brillantes comme des sommets de montagnes.... D'au[-]
tres taches moins brillantes présentent des phénomènes dif[-]
ficiles à expliquer, par exemple, des taches obscures ave[c]
des bords brillants, ou terminées par des lignes distincte[s]
qui les séparent de la surface environnante. Tous ces objet[s]
doivent être étudiés avec soin avant qu'on puisse en rie[n]
conclure par rapport à leur stabilité absolue ou à leur va[-]
riabilité. Le moyen d'obtenir des preuves sur ces points est[,]
d'une part, d'examiner les dessins et les descriptions topo[-]
graphiques, et d'autre part, de les comparer avec la lun[e]
par une observation personnelle des objets. M. Birt cite[

xemple de deux dessins de la même tache, l'un, qui la
présente avec une lumière plus brillante que celle de quelques objets environnants, d'après trois autorités compétentes, Lohrmann, Beer et Maedler, Schmidt ; dans l'autre
dessin qui a été tracé d'après ses propres observations faites
à une date récente, la tache est plus sombre que *tous* les
objets environnants. Il se demande si, d'après ces différences de lumière, on peut se décider pour un changement. En
réponse à cette question, il indique l'incertitude du nombre
d'observations sur lesquelles ont été faites les descriptions
antérieures, et il montre combien il serait important de
multiplier les observations et de solliciter le concours d'un
grand nombre d'observateurs, afin qu'il ne manque rien
aux preuves nécessaires pour établir la certitude des faits
signalés. En l'absence d'observations qui les confirment,
M. Birt pense que les preuves des changements ne sont pas
d'un grand poids, et que l'on peut être plus ou moins autorisé à regarder comme inexactes les anciennes descriptions lorsquelles ne s'accordent pas avec ce que l'on observe
maintenant.

**Recherches sur l'analyse spectrale des
étoiles,** *par le* R. P. SECCHI.

**Sur quelques résultats nouveaux de l'ana-
lyse spectrale appliquée aux corps célestes,**
par M. W. HUGGINS. — La substance qui produit les fortes
raies du spectre de Sirius est bien réellement l'hydrogène ;
si la composition du mouvement dans l'espace de l'étoile et
de la terre, au moment de l'observation, avait pour résultat
d'abaisser la réfrangibilité de la raie sombre de Sirius d'une
quantité égale à un dixième de longueur d'onde ou 0,109
millionième de millimètre. Si l'on prend pour vitesse de
la lumière le chiffre de 185 000 milles par seconde et

7.

486,50 millionièmes de millimètre pour la longueur d'onde, la variation observée dans la période de raie de Sirius indique un mouvement d'éloignement entre la terre et l'étoile de 41,4 milles par seconde. Au temps de l'observation, la composante du mouvement de la terre, suivant la direction du rayon visuel, était égale à 12 milles ou 18 kilomètres environ ; il resterait donc d'inexpliqué un éloignement de la terre de 29,4 milles qu'on est autorisé à attribuer à Sirius. M. Huggins a étendu ce système d'observations à α du Petit-Chien, Castor, Beteigeuze, Alébaran, et à quelques autres étoiles ; mais elles ne sont pas encore assez nombreuses pour qu'il puisse formuler ses conclusions.

*

Sur le passage de la chaleur rayonnante à travers les liquides, *par* M. W. FLETCHER BARRETT. — La source de chaleur, S, était une spirale de platine portée à l'incandescence par un courant électrique, et renfermée dans un globe de verre ayant une ouverture en face. Devant cette ouverture était une caisse, C, avec des côtés mobiles en sel gemme pour contenir le liquide soumis à l'examen. Devant cette caisse, et exactement à l'opposé, était une pile thermo-électrique, P, munie de ses réflecteurs coniques et communiquant avec un galvanomètre très-délicat. La caisse en sel gemme était placée sur un petit support derrière un écran percé en métal, D, dont la pile était éloignée d'environ 18 pouces (45 centimètres). Les parois de la caisse, dans les expériences qui seront d'abord décrites, étaient séparées par un espace formé d'une plaque annulaire de mica, d'un demi-millimètre d'épaisseur (0,02 de pouce) ; cette épaisseur déterminait celle de la couche liquide soumise à l'examen. La chaleur émanée de la spirale était quelquefois concentrée par une lentille en sel gemme (non représentée dans la figure) qui était placée entre la source

chaleur et la caisse. Pour obtenir une plus grande sensibilité, on a employé dans la plupart des expériences le

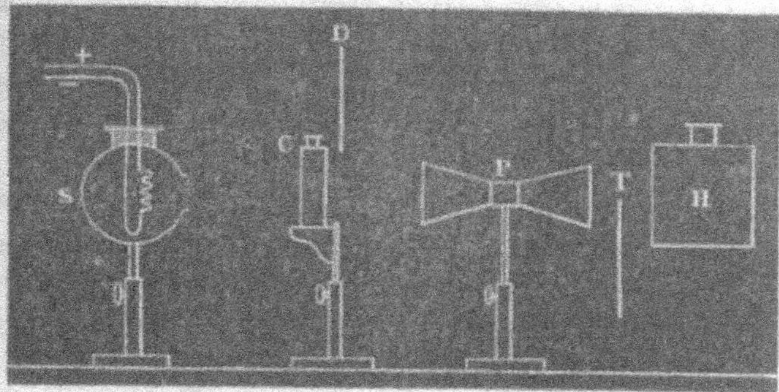

Fig. 1.

système de « compensation. » Une boîte d'étain noircie,
remplie d'eau bouillante, était placée devant la face oppo-
sée de la pile. En ajustant un écran, T, entre la boîte
et la pile, on pouvait neutraliser exactement la déviation du
galvanomètre causée par le rayonnement émané de S. L'aiguille était ainsi amenée à zéro et maintenue dans sa position la plus sensible.

La caisse vide ayant été placée sur son support et sur
le trajet des rayons, on fit mouvoir l'écran jusqu'à ce que
l'aiguille s'arrêtât justement à zéro. On versa alors un liquide
(du bisulfure de carbone) dans la caisse au moyen d'un petit
entonnoir, et on observa aussitôt l'aiguille du galvanomètre
avec une lunette. Au lieu de se mouvoir dans le sens de
l'absorption, l'aiguille dévia d'une manière très-marquée de
l'autre côté du zéro, et s'arrêta enfin à 15° du côté qui in-
diquait une augmentation de chaleur de la source ; l'introduction du bisulfure de carbone dans la caisse *augmentait*
donc la quantité de chaleur qui arrivait à la pile. Lorsqu'on

interceptait au moyen d'un écran métallique la chaleu[r]
émanée de la source, l'aiguille revenait rapidement à zér[o]
puis se portait à 67° du côté opposé. On pouvait aussi [...]
calculer par cette déviation l'augmentation de chaleur pr[o]
duite par le liquide. Et la moyenne de huit expérience[s]
très-concordantes prouve que quand on verse du sulfure [de]
carbone dans une caisse de sel gemme, de manière à fo[r]
mer une couche de $\frac{2}{100}$ de pouce d'épaisseur, il arrive à [la]
pile 9 pour cent de chaleur de plus à travers cette couch[e]
qu'à travers la caisse vide.

On a essayé ensuite le *bichlorure de carbone*. Une couch[e]
de ce liquide de 0,02 de pouce d'épaisseur faisait dévi[er]
l'aiguille de 16° du côté de la chaleur, ce qui correspond [à]
une augmentation de 12,4 pour cent dans la chaleur trans[-]
mise. Sous la même épaisseur, le bisulfure de carbone pr[o]
duisait une augmentation de 9 pour cent. Mais il est bie[n]
reconnu maintenant, je crois, que le bichlorure de carbon[e]
est le plus diathermane des liquides. Le *chloroforme*, qui e[st]
beaucoup moins diathermane que le bisulfure de carbon[e]
produit sous la même épaisseur d'un demi-millimètre un[e]
augmentation de 4,5 pour cent dans la transmission de l[a]
chaleur. Le *benzole*, plus puissant absorbant que le chloro[-]
forme, a donné une *absorption* de 20 pour cent. Ave[c]
l'*éther sulfurique*, absorbant encore plus énergique, l[a]
même couche d'un demi-millimètre a absorbé 30 pour ce[nt]
de la chaleur totale émise par une spirale chauffée au roug[e].

Les expériences précédentes ont été faites avec une caiss[e]
dont les parois étaient en sel gemme, et elles font voir qu[e]
l'absorption devient manifeste après qu'on a atteint une ce[r]
taine épaisseur du liquide diathermane. Si, au lieu de caiss[es]
en sel gemme, on emploie des caisses en verre, ce n'est plu[s]
la même chose : ici l'anomalie est encore plus frappante. E[n]
représentant par cent la transmission à travers la caisse [...]

verre vide, si on la remplit avec du bisulfure de carbone, ce nombre augmente et s'élève à 106. La transmission à travers une caisse vide en verre dont les parois étaient séparées par un intervalle de 3 pouces a été augmentée de 9 pour cent quand on eut rempli la caisse avec du bisulfure de carbone.

Reprenant les plaques de sel gemme pour établir une comparaison, j'ai essayé une caisse dont les parois étaient séparées par un intervalle de 2 pouces. Comme je l'avais prévu, j'ai observé alors une absorption considérable quand on versait dans la caisse du bisulfure de carbone. En résumé, *avec des caisses à parois de verre, on observait toujours dans la transmission une augmentation produite par le bisulfure et le bichlorure de carbone*; et le bichlorure avait toujours un léger avantage sur bisulfure.

Quelle est maintenant l'explication de cette action singulière ? Il est extrêmement probable que l'introduction des liquides diminue la réflexion qui se produit sur les surfaces intérieures des parois de la caisse. Quand la caisse est vide, il y a une double réflexion des rayons qui passent d'une paroi à l'autre de la caisse à travers l'air interposé. Si la caisse est remplie avec un liquide dont l'indice de réfraction est le même que celui des parois de la caisse, la perte produite par la réflexion sur les surfaces intérieures n'existe plus ; si donc le pouvoir absorbant de ce liquide est nul, ou extrêmement faible, il augmentera la transmission des rayons quand il remplacera l'air dans l'intérieur de la caisse.

Cette augmentation doit être encore attribuée, je crois, à l'effet bien connu des surfaces planes sur la réfraction des rayons divergents. On comprendra ceci facilement en considérant le cas représenté dans la figure 2.

Soit S une source de rayons qui divergent jusqu'à ce qu'ils rencontrent la caisse C, et soit P la surface de la pile thermo-électrique.

Si la caisse C est vide, les rayons, après avoir traversé les parois, suivront la direction des lignes ponctuées. Maintenant, remplissons le vase avec un liquide dont l'indice de

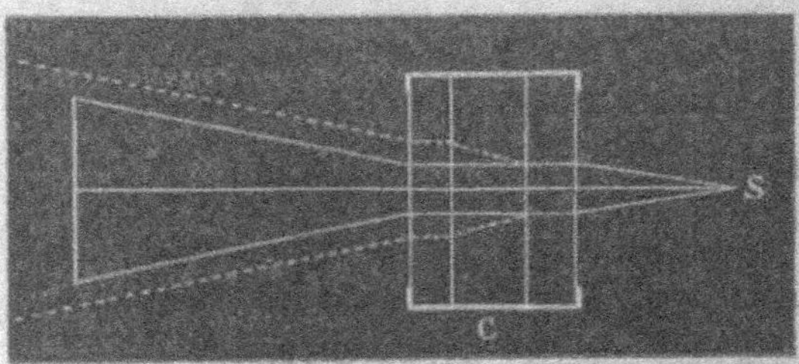

Fig. 2.

réfraction soit à peu près le même que celui des parois du vase ; les rayons suivront la marche indiquée par les lignes continues. Dans ce dernier cas, l'angle des rayons émergents sera plus aigu. Donc, la pile reçoit un plus grand nombre de rayons lorsque la caisse est remplie de liquide que lorsqu'elle est vide.

Cette dernière source d'erreur dans la détermination de l'absorption produite par un liquide ou un solide pourrait être évitée en employant des rayons véritablement parallèles, comme le sont les rayons du soleil.

Sur un procédé simple pour produire la combinaison des vibrations rectangulaires, *par* M. W. Fletcher Barrett. — Un fil droit d'acier, n° 16, long de 12 à 18 pouces, est d'abord bien recuit à la flamme, en un point distant de 6 à 8 pouces de son extrémité, et l'on plie le fil en ce point. On fixe dans un étau la plus longue partie du fil, on colle un bouton argenté au point de courbure avec de la glue marine, et l'instrument est complet. On met tout le système en vibration en frappant vivement le fil près du point pris dans l'étau, *suivant une direction oblique au plan des deux portions du fil*. La vibration suit le fil, tourne la courbure et met en mouvement la branche inclinée. Celle-ci étant libre, oscille plus aisément que la branche fixée à une extrémité ; il en résulte un mouvement composé, et le point lumineux, réfléchi par le bouton, décrit une courbe qui exprime l'action résultante.

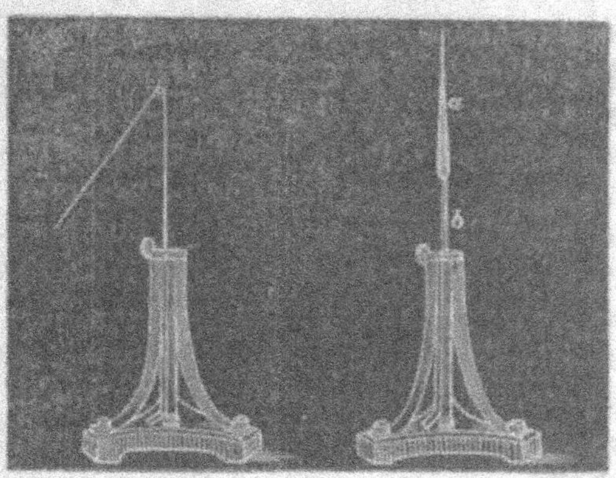

Fig. 3.　　　　　Fig. 4.

On peut évidemment ajuster ou altérer le rapport des vibrations des deux parties du fil, en élevant ou en abaissant le point serré par l'étau. On peut obtenir le même effet en chargeant la partie libre du fil avec un petit poids glissant. J'ai essayé ces deux moyens d'ajustement avec quelque succès. Lorsque les branches du fil sont parallèles et de même longueur, on obtient une combinaison de 1 à 1, et le bouton décrit un cercle passant en une ligne oblique ; mais si on ouvre la branche libre de manière à former un angle d'environ 30°, la figure se change en une courbe complexe donnée par le rapport de 4 à 5. En ouvrant l'angle encore plus, on obtient le rapport de 3 à 4 ; à 45°, on a le rapport de 2 à 3 ; et à l'angle de 75° se produit la figure du 8 qui exprime le rapport de 1 à 2. Enfin, on peut produire à volonté, en faisant varier l'angle, toute une série de combinaisons plus ou moins parfaite.

La figure 1 représente l'instrument. Le fil peut être *solidement* fixé à une certaine hauteur sur un support attaché lui-même à une table pesante, ce qui est plus commode que l'emploi d'un étau.

Cette disposition peut être employée, non-seulement pour démontrer la combinaison des vibrations, mais aussi pour mettre en évidence la formation des nœuds et des ventres de vibrations. En plaçant une feuille de papier blanc derrière l'instrument, ou en projetant son ombre sur un écran, on peut faire voir distinctement les vibrations du fil à un grand nombre de personnes à la fois.

Une seconde disposition, pour produire la combinaison de vibrations rectangulaires, représentée dans la figure 2, a été empruntée, par M. Ladd, à un instrument inventé par M. Helmholtz.

Deux bandes d'acier sont fixées l'une à l'autre à angle droit, de manière à former une seule tige. La partie supérieure a se termine en pointe et porte à son extrémité un bouton argenté poli. La partie inférieure b peut être solidement fixée sur un support convenable. On peut faire vibrer une partie plus ou moins grande de la tige, suivant la hauteur à laquelle on a fixé la partie b. On peut ainsi obtenir une combinaison des vibrations de a avec celles de b dans un rapport donné. On peut reproduire une figure quelconque à volonté en marquant sa position sur la bande inférieure d'acier, et l'ajustement peut être si parfait qu'avec bien peu de précaution l'on peut obtenir une figure presque absolument constante.

Sur les développements nouveaux de la machine dynamo - magnéto - électrique, *par* M. W. LADD. — On décrit dans ce mémoire les perfectionnements apportés à cette machine. Pour obtenir une lumière suffisamment continue, il faut que les armatures fassent de 1 800 à 2 000 tours par minute ; mais comme les armatures doivent être magnétisées et démagnétisées deux fois à chaque tour, il doit y avoir de 3 600 à 4 000 jets de lumière par minute. Il a été reconnu que quand le fer est magnétisé et démagnétisé, il change de volume, et qu'à chaque changement il se développe une petite quantité de chaleur qui augmenterait à un degré tel que, si l'on n'y remédiait, elle deviendrait assez considérable pour détruire l'enveloppe isolante des filets. Pour obvier à cet inconvénient, on a percé les deux pôles de l'électro-aimant aussi près que possible des armatures, et l'on fait circuler deux fois autour de la machine, de l'eau froide, qui enlève la chaleur d'une manière efficace et ne produit aucune perte appréciable d'effet électrique. D'une discussion qui a suivi cette présentation, il résulte que dans les machines Wild et Ladd, bien inférieures par conséquent à la machine de la compagnie l'*Alliance*, une grande partie de la force motrice est convertie en chaleur.

Sur la nécessité de l'intervention de l'État pour assurer le progrès des sciences phisiques. *par le lieutenant-colonel* A. STRANGE. — Le mémoire conclut par le vœu qu'une commission soit chargée, par l'Association britannique, d'examiner, premièrement, si l'intervention demandée de l'Etat est maintenant nécessaire ; secondement, dans le cas de l'affirmative, quelles mesures il faudrait prendre pour provoquer cette intervention.

Rapport de la commission de la température souterraine, *par le professeur* Everett.

Sur une nouvelle correction à faire dans les observations faites avec le sextant de Hadley, *par* M. T. Dobson.

Sur l'actinométrie, *par* M. L. Bring.

Sur les avantages d'un prisme creux pour l'examen des spectres d'absorption, *par le docteur* J.-H. Gladstone. — L'analyse de la lumière transmise par les solutions et les liquides colorés est un de ces sujets qui acquièrent chaque jour plus d'importance ; il est donc à propos de chercher et d'adopter les meilleures méthodes. Le procédé ordinaire consiste à placer le liquide dans une éprouvette ou dans un auget à faces parallèles en verre, près de la fente qui livre passage à un mince filet de lumière, dont on fait l'analyse au moyen d'un prisme à sa sortie du vase. Mais on n'obtient ainsi que l'absorption due à une certaine épaisseur de liquide, et il est prouvé que pour un grand nombre de substances, telles que le permanganate de potasse, les divers degrés d'épaisseur donnent des spectres très-différents. L'auteur avait proposé, il y a déjà douze ans, de remplacer les vases de formes usitées par un auget en forme de coin, suivant une disposition qui permet de faire parcourir au faisceau lumineux la masse liquide dans tous ses degrés d'épaisseur, depuis la tête du coin, qui rend l'opacité presque complète, jusqu'au voisinage du tranchant où l'effet d'absorption est à peu près nul. Aujourd'hui, il insiste sur les grands avantages de cette méthode, qui donne les mesures les plus exactes de l'absorption, en même temps qu'elle se prête le mieux à leur représentation par des diagrammes. Il a montré plusieurs diagrammes de cette nature, provenant des solutions de permanganate de potasse dans l'alun, de la matière colorante du sang et de l'hématite. L'appareil n'est pas dispendieux, il n'exige que l'adjonction au spectroscope d'un prisme creux en forme de coin. La notation de M. Sorby, tout ingénieuse qu'elle est, ne peut exprimer à la fois tous les résultats relatifs à une matière colorante déterminée ; elle suppose autant d'opérations successives que l'on a considéré de degrés d'épaisseur.

Sur un nouvel appareil télégraphique automatique, *par le professeur* C. ZENGER. — Le télégraphe de Morse exige beaucoup d'habitude et d'exercice chez les télégraphistes, pour expédier des dépêches rapidement, correctement et d'une manière bien lisible. Pour éviter les erreurs, et en même temps pour rendre plus rapide l'envoi des dépêches, l'auteur a construit un appareil télégraphique automatique, destiné à rendre le système de Morse tout à fait indépendant de l'habileté du télégraphiste, et à reproduire automatiquement des signes aussi corrects que s'ils étaient imprimés. De plus, l'appareil nouveau a trois signes simples au lieu de deux seulement, savoir : un point, une ligne courte et une ligne près de trois fois plus longue. Quelle que soit la vitesse avec laquelle le papier se déroule dans l'appareil de Morse, la longueur relative des deux lignes n'est point altérée, et elle est tout à fait indépendante de la main du télégraphiste. Après un jour d'exercice, un jeune garçon et une jeune fille peuvent télégraphier très-bien. Un télégraphiste habile peut arriver au bout de très-peu de temps à diminuer de 30 à 33 pour cent l'espace occupé par le télégramme, et de 40 à 50 pour cent le temps nécessaire pour l'expédier.

De l'influence du procédé de fabrication

du platine sur la conductibilité électrique, *par* M. W. Siemens.

Rapport du comité sur les observations des marées, *par le professeur* Rankine. — Ce rapport est le résultat de l'union des sections de mathématiques et de physique.

Sur les chances de succès ou d'insuccès des candidats..... *par* M. R.-B. Hayward.

Sur des constructions géométriques dont les données sont des imaginaires, *par* M. J.-S. Smith.

Sur une construction pour le neuvième point cubique, *par* M. H.-J.-S. Smith.

Sur une propriété du hessian d'une surface cubique, *par* M. H.-J.-S. Smith.

Exemples de démonstration oculaire, de propositions géométriques, *par* M. A. Gearing.

Division des fonctions elliptiques, *par* M. W. H.-L. Russel.

Résumé d'expériences sur la rigidité, *par le professeur* Everett.

Sur la résistance thermale des liquides, *par le professeur* F. Guthrie.

Sur certains faits relatifs à la théorie de la double réfraction, *par* M. A. R. Catton.

Rapport du Comité sur les étalons électriques, *par* M. W. Thomson. — M. Thomson s'est proposé d'évaluer l'élasticité électro-statique en unités d'élasticité électro-magnétique. Il s'est servi, à cet effet, d'un appareil dont les deux pièces principales sont l'électromètre absolu et l'électrodynamètre, décrits par le rapporteur, M. Foster, en l'absence de M. Thomson. Les expériences exigeaient deux opérations préalables, dont la première consistait à déterminer le moment d'inertie du fil mobile. M. Thomson y est parvenu au moyen d'une série d'expériences dans lesquelles il comparait le mouvement du fil avec celui d'un anneau dont le moment d'inertie était connu. La seconde, qu'on a journellement occasion d'effectuer, avait pour but de déterminer la durée des vibrations du fil lorsque toutes les connexions ont été établies et que le fil est mis en place ; il a suffi, pour l'obtenir, de faire deux observations successives, l'une avec le courant de la pile circulant dans le fil, et l'autre sans le courant ; mais il n'en résulte qu'une variation de peu d'importance, aucune différence sensible n'a pu être appréciée dans la durée des vibrations. L'influence du magnétisme terrestre sur les indications du dynamomètre était neutralisée au moyen d'un grand nombre d'aimants placés à de grandes distances des fils. La disposition des aimants était reconnue parfaite, lorsque le renversement du courant avec la clef de pile ne produisait aucun déplacement du point lumineux. M. Thomson a trouvé, comme moyenne des résultats de cinq expériences, pour représenter le rapport de l'unité d'élasticité électro-statique à l'unité d'élasticité électro-magnétique, 176 800 milles par seconde.

Rapport du comité sur la quantité de pluie tombée en 1867-1868, *par* M. G.-J. SYMONS, *secrétaire.*

Rapport sur les météores lumineux, *par* M. J. GLAISHER;

Sur la pluie de météores du mois d'août 1868, *par* M. G. FORBES.

Sur quelques résultats météorologiques obtenus à l'observatoire de Rome, *par* le P. SECCHI. — La comparaison de la courbe normale de température obtenue à Rome, avec celles données pour Paris, Berlin, Greenwich, Prague, Vienne, Bologne, prouve évidemment que les irrégularités qu'on y a observées ne sont pas dues au hasard, puisqu'elles apparaissent aussi sur d'autres points, mais qu'elles sont certainement un effet de la réaction de la chaleur du soleil sur certains points particuliers de la terre, combinée avec la loi de la propagation successive des tempêtes. On a étudié la loi de cette propagation, et l'on a trouvé que les tempêtes mettaient environ deux jours à venir des îles Britanniques en Italie. L'auteur indique la station de Hairn, en Ecosse, comme la meilleure qui puisse indiquer, par des dépêches télégraphiques, l'état futur du temps à Rome. Il expose ensuite la relation qui existe entre les perturbations magnétiques et les perturbations météorologiques, et il dit qu'à Rome, ces perturbations sont le signal de l'approche des tempêtes. Il cherche à les expliquer par les courants électriques qui accompagnent les changements météorologiques. Mais il n'attribue pas à ces changements toutes les variations magnétiques. Il dit que les observations faites à Rome, sur les taches du soleil et sur les instruments magnétiques, établissent parfaitement une correspondance entre le minimum des taches solaires et le minimum de variation dans les éléments magnétiques.

Sur des cartes synoptiques du temps dans l'océan Indien, *par* M. C. MELDRUM. — L'auteur dit que, depuis le 1ᵉʳ janvier 1853, la Société météorologique de l'île Maurice a mis en tableaux les observations faites chaque jour à bord des vaisseaux qui ont navigué dans l'océan Indien, et qu'on a maintenant une collection de 215 000 observations indiquant la direction et la force du vent, la pression et la température de l'air, les nuages, les brouillards, la pluie, les éclairs, etc., et l'état de la mer.

Sur les signes du temps à l'île Maurice, *par* M. C. MELDRUM. — Les résultats obtenus à l'île Maurice font voir que les règles qui y sont observées pourraient être appliquées avec succès à bord d'un vaisseau dans l'océan Indien. L'auteur croit que l'existence et la marche des tempêtes dans les régions extra-tropicales pourraient être connues à une station éloignée avec bien plus de certitude et de précision qu'elles ne le sont à présent, car les vents, dans les climats extra-tropicaux, sont aussi bien soumis aux lois que ceux des régions situées entre les tropiques.

Sur la ressemblance et les contrastes des climats de l'île Maurice et de Natal, *par le* Dʳ MANN.

Extrait des observations météorologiques faites à Pietermaritzburg, Natal, *par le* Dʳ MANN.

Sur une action particulière de la lumière sur les sels d'argent, *par le professeur* MORREN. — L'auteur a signalé des réactions curieuses qui se manifestent dans le chlorure d'argent mis en présence du chlore. Du chlorure d'argent humide, fraîchement préparé avec une solution aqueuse de chlore, ayant été introduit dans un tube de verre, si on l'expose a la lumière, on le voit prendre une teinte noire qui accuse la réduction du métal et le dégagement du chlore. Si ensuite le tube est placé dans l'obscurité, le chlore se recombine avec l'argent, et l'on voit reparaître la couleur blanche de leur composé. On peut obtenir ainsi une suite indéfinie de décompositions et de recompositions alternatives. Le résultat est le même avec le bromure d'argent et quelques autres sels. M. Morren signale diverses applications utiles dont ce fait lui paraît susceptible.

Description d'un galvanomètre qui décèle les plus faibles traces de courants électriques, *par* M. F.-H. VARLEY. — Ainsi que l'auteur le remarque d'abord, plus est petite l'aiguille aimantée, plus est grande la sensibilité d'un galvanomètre. Dans l'instrument de M. W. Thomson, l'aiguille porte un miroir qui reçoit un rayon lumineux, et les petits mouvements angulaires de l'aiguille, amplifiés géométriquement par le miroir, sont rendus visibles et mesurables à l'incidence de la lumière réfléchie sur une échelle obscure. Mais l'auteur a considéré que la puissance du microscope permettait l'emploi d'aiguilles plus légères et plus petites, il a mis cette idée à exécution, et le résultat est un nouvel instrument susceptible de deux formes distinctes, complètement satisfaisant sous chacune de ces deux formes. La première disposition consiste à suspendre, par un simple fil de soie, une aiguille aimantée formée d'un fil d'acier aussi mince que possible, et à rendre visibles ses mouvements à travers un prisme rectangulaire, au moyen d'un microscope dont l'oculaire contient une échelle graduée, de dimensions minuscules, photographiée sur du verre. Quelle que soit la finesse du fil métallique, l'aiguille apparaît dans le champ de vision comme un énorme barreau noir, et il est évident

que ses moindres mouvements deviendront considérables
sur l'échelle de l'oculaire.

La seconde forme réalise une augmentation de sensibilité
plus grande encore. L'aiguille, suspendue comme précédemment par un fil de soie, est une petite lame d'acier dont
une face polie fait l'office d'un miroir. Une échelle micro-
photographique est placée à une telle distance de ce miroir,
que chacune de ses divisions vaille un arc de deux minutes
aussi exactement que possible. L'image de l'échelle est réfléchie par le miroir suivant une ligne qui forme un certain
angle avec l'axe optique du microscope, et chaque mouvement de l'aiguille détermine un mouvement de cette image
dans le champ de vision. La réflexion doublant les mouvements angulaires de l'aiguille, une division de l'échelle
photographique correspond réellement à un arc d'une minute de l'échelle galvanométrique, et si le microscope
amplifie soixante fois, les minutes de la première échelle
représentent des secondes dans l'autre. Lorsqu'on le désire,
on peut faciliter la lecture sur l'échelle amplifiée en introduisant dans l'oculaire une petite pièce graduée pour servir
comme un vernier. Par une augmentation suffisante du
pouvoir grossissant du microscope, on peut rendre sensibles
et mesurables les mouvements les plus imperceptibles de
l'aiguille. La grande difficulté qu'on rencontre dans les
usages pratiques d'instruments d'observation doués de cette
extrême sensibilité provient des vibrations qu'ils reçoivent
des corps extérieurs ; mais il est possible d'y pourvoir, dans
une grande mesure, en faisant reposer les appareils sur
des matières qui amortissent les vibrations, et il serait utile
en outre, dans le cas actuel, d'envelopper l'aiguille de fil de
soie ou de coton. D'autres avantages appréciables de ce
nouvel instrument résultent de sa forme compacte et peu volumineuse, de la facilité de son transport et de son fonc-

tionnement en un lieu quelconque, sans le secours d'une chambre obscure.

Sur une déviation permanente de l'aiguille du galvanomètre sous l'influence d'une succession rapide de courants induits égaux et opposés, *par* M. J.-W. Strutt.

Observations sur les raies atmosphériques du spectre solaire sous de hautes latitudes, *par* M. G. Gladstone — Il paraît que, dans ces régions (lat. 64° 30'), l'extrémité rouge du spectre est très-brillante, de sorte qu'avec le petit spectre portatif, l'auteur a distinctement reconnu la raie remarquable A. Les observations tendent à prouver que la raie atmosphérique δ augmente en largeur, à mesure que le soleil s'approche de l'horizon, et que ce qui, dans certains états de la lumière ou de l'atmosphère, paraît être des bandes d'ombre se résout en raies dans d'autres circonstances. Quelquefois, les rayons rouges éprouvent très-peu de diminution d'intensité ; d'autres fois, l'obscurcissement se produit plus graduellement, et le spectre visible est bien plus long.

Sur les développantes successives d'un cercle et de quelques autres courbes, *par* M. *le professeur* Sylvester.

Sur la solution générale des équations algébriques, *par le Rév.* T.-P. Kirkman.

Remarques sur le mémoire précédent, *par le Rév.* R. Harley.

Note historique sur le théorème de Lagrange, *par* M. W.-B. Davis.

Sur les applications des quaternions à la rotation d'un solide, *par* M. *le professeur* Tait.

—

Sur le chlorure de méthylène, *par* M. Perkin.
— M. Perkin s'est livré à des recherches sur le chlorure de
méthylène qu'on obtient par l'action de l'hydrogène, à
l'état de gaz naissant, sur le chloroforme. Ces recherches se
rattachent à une question dont on ne peut contester l'importance; car, si l'isomérisme existe dans la série mono-
carbone, il doit très-probablement exister aussi dans les dérivés de tous les autres éléments polyatomiques. Le savant
chimiste a entrepris un nouvel examen de quelques dérivés
de cette série, dans l'espoir que la comparaison de leurs
propriétés pourrait aider à la solution du problème. Il a
trouvé, notamment, que le chlorure de méthylène, obtenu
par l'action de l'hydrogène naissant sur le chloroforme, a
le même point d'ébullition, ou du moins à très-peu près,
que celui que Buthrom obtient avec l'iodure de méthylène,
préparé lui-même au moyen de l'iodoforme. Il n'est pas
attaqué sensiblement par le sodium.

Les résultats des expériences de M. Perkin tendraient
fortement à établir qu'il existe deux chlorures de méthylène.

Sur le sulfocyanure d'ammonium, *par* M. *le* Dr T.-L. PHIPSON. — L'auteur dit que le sulfate ordinaire d'ammoniaque, fabriqué depuis plusieurs années dans les usines à gaz, par la neutralisation de la liqueur du gaz par l'acide sulfurique, contenait de petites quantités de sulfocyanure d'ammonium, environ 2 et 4 p. 100 ; mais que, dernièrement, plusieurs échantillons de sulfate d'ammoniaque du commerce en ont donné une bien plus grande proportion : dans quelques-uns, on a trouvé jusqu'à 75 p. 100 de sulfocyanure. Ces échantillons pouvaient, en effet, être appelés du sulfocyanure impur plutôt que du sulfate d'ammoniaque. La connaissance de ce fait est d'une grande importance pour les fabricants d'engrais chimique et pour les fermiers, car la moitié seulement de l'azote, contenu dans un sulfocyanure, peut être utilisée dans les engrais.

Equivalents de réfraction et théories chimiques, *par* M. *le* Dr J.-H. GLADSTONE.

Sur l'action des noyaux pour déterminer la cristallisation, *par* M. *le professeur* C. TOMLINSON. — Le professeur Tomlinson prouve qu'on ne peut déterminer la production de cristaux, dans des solutions sursaturées, en y introduisant des corps solides dans un état de pureté parfaite, tandis qu'avec des corps solides impurs ou sales, la cristallisation se produit toujours facilement.

Sur la composition chimique du grand canon de Mohammed II, présenté récemment par le sultan Aziz Khan au gouvernement anglais, *par* M. F.-A. ABEL.

Analyse de l'ancien mortier romain du castrum de Burgh-Suffolk, *par* M. J. SPILLER.

Rapport sur des recherches synthétiques sur des acides organiques, *par* M. A.-R. CATTON.

Rapport sur la nature chimique de la fonte de fer, *par* M. *le* Dr A. MATTHIESSEN. — L'auteur dit que, quoique le Dr Prug et lui aient fait soixante-dix expériences pour extraire le fer métallique pur de ses différents composés, ils n'ont pas réussi à obtenir du fer parfaitement exempt de soufre. Le Dr Matthiessen espère, toutefois, en continuant ses recherches, obtenir un échantillon pur de fer métallique.

Note sur la structure vésiculaire du cuivre, *par* MM. *le* Dr A. MATTHIESSEN *et* W.-J. RIESSEL.

De la combustion des gaz sous des pressions variables, *par* M. *le professeur* FRANKLAND. — Dans une nuit passée sur le sommet du mont Blanc, M. Frankland remarqua la faible intensité de la lumière qui l'éclairait, et ce fut là l'origine de ses recherches sur ce sujet. Il conjectura que la diminution du pouvoir éclairant était proportionnelle à celle de la pression atmosphérique. Il a répété l'observation sur d'autres montagnes, et parfois la lumière des corps en combustion était assez faible pour qu'il fût possible de lire un écrit à travers la flamme. On croyait généralement que les flammes exigeaient le contact d'un corps solide ou liquide pour donner une belle lumière blanche ; mais, en poursuivant son investigation, l'auteur a trouvé que beaucoup de flammes éblouissent les yeux par une lumière aussi blanche que celle du soleil, sans le secours d'un pareil contact. Tel est, par exemple, le cas de l'arsenic métallique brûlant dans l'oxygène. Le bisulfure de carbone émet une si vive lumière qu'elle est utilisée par les photographes, et l'on ne peut supposer dans sa flamme l'existence d'aucun corps solide ou liquide. L'explosion d'un mélange d'oxygène et d'hydrogène, contenu dans une bulle de savon, dégage une faible lumière, qui devient environ dix fois plus intense si le même mélange est contenu dans un vase clos résistant. La luminosité d'un gaz enflammé est proportionnelle à sa densité. Suivant l'auteur, les flammes ordinaires doivent principalement leur pouvoir éclairant à la densité de leurs hydrocarbures. Une expérience des plus curieuses consiste à faire jaillir une étincelle électrique dans de l'air qui est soumis successivement à la pression ordinaire et à une pression double: dans le second cas, la lumière due à la combustion de l'air est incomparablement plus intense. Si l'on fait traverser par l'étincelle électrique diverses espèces de gaz et de vapeurs, on arrive à ce résultat, que : plus est grand le poids atomique des fluides aériformes, plus est lumineuse la flamme qui se produit dans leur combustion par le passage de l'électricité.

Sur la préparation de sels anhydres de quelques composés organiques, *par* M. W. PERKIN.

Sur la paraffine et les produits de son oxydation, *par* M. MENSEL.

Note relative aux recherches de Lœwig sur l'action de l'amalgame de sodium sur l'éther oxalique, *par* M. A.-R. CATTON.

Sur le fer puddlé, *par* M. C.-W. SIEMENS.

Sur un système de philosophie chimique, *par le professeur* OTTO RICHTER.

Sur les propriétés physiques de deux composés colorés, *par le docteur* MENSEL. — Le docteur Mensel fait voir par une expérience les changements rapides pérés dans l'état physique et la couleur des composés d'iode et d'un métal, lorsqu'ils sont soumis à une chaleur modérée. Des morceaux de papier recouverts d'une poudre jaune passent instantanément au rouge, et du rouge au poupre. En agitant légèrement le papier dans l'air, on lui rend sa couleur primitive.

Sur la chimie comme branche d'éducation, *par* M. S. WOOD.

Sur l'absorption des gaz par le charbon, *par* M. A. SMITH.

Sur les bases du coatlar, *par* M. G. DEWAR.

Rapport sur les cyanures polyatomiques, *par* M. T. FAIRLEY.

Sur les modèles de M. Kekulé pour démontrer les formules graphiques, *par* M. *le docteur* J. DOWA.

Sur la tension des vapeurs, *par* M. W. DITTMAN.

Sur l'utilisation des rebuts d'alcalis dans l'extraction du soufre, *par le docteur* LUDWIG MOND. — L'auteur appelle l'attention sur une nouvelle industrie, l'extraction du soufre des rebuts d'alcalis, qui a fait des progrès remarquables dans la Grande-Bretagne depuis quelques années. L'importance du sujet a été déjà signalée en 1861, par M. Gossage, dans un mémoire plein d'intérêt sur les manufactures de soude. M. Gossage constatait que les deux cinquièmes de la dépense en matières premières pour la fabrication des cendres de soude étaient absorbés par l'acquisition des pyrites destinées à fournir du soufre, et l'on savait parfaitement que les neuf dixièmes de la quantité totale de soufre restaient adhérents à ces résidus, nommés généralement rebuts d'alcalis, qui étaient rejetés par le fabricant. Ici donc se présentait une question dont la solution devait avoir pour conséquence la plus immédiate une réduction très-notable dans le prix de la soude. M. Mond l'a attaquée vigoureusement, et il s'en est rendu maître, ou du moins ses succès laissent peu à désirer. Il décrit d'abord le procédé auquel il a en quelque sorte associé son nom, et dont les avantages sont aujourd'hui pleinement appréciés dans la Grande-Bretagne. Voici en quoi il consiste : Le premier produit du procédé de l'illustre Leblanc pour la préparation de la soude, ce qu'on désigne sous le nom de soude brute, ou de cendre noire, est traité par lixiviation dans un appareil composé d'une suite de réservoirs, reliés entre eux par des tuyaux munis de robinets. L'eau entre dans le premier réservoir, rempli primitivement de cendre noire, et qui, généralement, ne contient plus qu'un reste d'alcali. Elle passe de là dans le second et dans chacun des suivants, qui sont de plus en plus riches en alcali, jusqu'à ce qu'elle arrive dans le dernier, et que finalement elle sorte de l'appareil à l'état de solution presque entièrement concentrée. Les rebuts d'alcali, ou les résidus insolubles, restent au fond des réservoirs, où subsistent à peine quelques traces d'alcali, et comme ils ont été plongés dans l'eau pendant toute la durée de l'opération, ils présentent dans leur masse une grande porosité : l'oxydation et la lixiviation de ces résidus s'effectuent en soixante ou soixante-douze heures, qui embrassent trois opérations. Lorsqu'on les retire des réservoirs, ils ont perdu tout le soufre recouvrable ; en outre, ils ne peuvent plus donner naissance à ces exhalaisons d'hydrogène sulfuré si justement redoutées, ni à ces bourbiers jaunâtres qui entouraient autrefois les énormes monceaux de rebuts accumulés autour de chaque

nufacture de soude, empestant à la fois l'air et l'eau du
isinage. Presque tout le soufre qui reste dans les résidus
a l'état de sulfite ou de sulfate de chaux, deux substances
offensives. Les derniers sels s'y trouvent mélangés avec
carbonate et de l'hydrate de chaux, un peu de soude,
alumine et de silice soluble, et ce mélange est un excel-
t engrais pour certains sols et de nombreuses espèces de
tures.

D'autres procédés, décrits également par M. Mond, lui
donné du soufre libre, de couleur noire, dont le résidu
comparativement inoffensif, et, en outre, utilisable. Il est
venu ainsi à recouvrer et à séparer de toute autre ma-
e une moitié au moins de la quantité de soufre qui était
refois rejetée en perte sèche, ou plutôt qui l'était avec de
s-graves détriments sous plusieurs rapports. La dépense
d'ailleurs modique. Les frais d'établissement, pour l'ex-
tion de 10 tonnes de soufre par semaine, s'élèvent à
000 francs, et la dépense courante n'excède pas 25 francs
tonne. Le soufre obtenu étant très-pur, on ne l'emploie
à remplacer les pyrites dans la fabrication de la soude,
on le réserve pour servir aux mêmes usages que le soufre
Sicile, qui se vend 150 francs la tonne. L'importation de
e denrée, d'une si haute utilité domestique et indus-
elle, atteint le chiffre de 50 000 tonnes par an, pour la
ande-Bretagne ; et l'on peut estimer que l'extension des
uveaux procédés à toutes les fabriques de soude du
aume fournirait plus de 40 000 tonnes. Ce serait donc
ffranchissement du tribut payé à la Sicile.

Sur différents spectres d'un sel de chrome,
M. R. GERSTL.

Note sur l'eau de mer, *par* M. J.-A. WANKLYN.
On a reconnu, dans le courant de l'année dernière, que

l'eau de sources ne contenait pas de matières organiq[…]
azotées, et que l'eau des rivières et des lacs contenait d[…]
matière organique azotée dans la proportion d'une pa[…]
de cette matière pour un million de parties d'eau. L'eau[…]
mer contient environ cent fois autant de matières soli[…]
que l'eau des rivières et des lacs; mais elle ne contient […]
deux ou trois fois autant de matière organique azotée.

Recherches sur les éthers, *par* M. J.-A. W[…]
KLYN.

Sur l'amyl-éthyl-méthyl-acétonamine, [*par*]
M. F. GUTHRIE.

**Sur la loi de l'isomorphisme de Mitsche[…]
lich et sur les cas de dimorphisme,** *par* M. A[…]
CATTON.

Section C. — Géologie.

—

Sur les dénudations de Norfolk, *par le Rév.* Fisher. — ..... Immédiatement au-dessus du calcaire, horpe, repose une couche épaisse de silex anguleux..... st parmi ces silex qu'on rencontre des ossements nomux, des dents et des défenses de mastodonte, d'*Elephas ridionalis* et d'autres mammifères. L'auteur pense que le caire d'où proviennent ces silex a été enlevé par l'érosion s courants, qui n'étaient pas assez forts pour entraîner les ex...

Sur la structure glaciaire de Norfolk et de ffolk, *par* MM. S.-V. Wood *et* F.-W. Harmer.

Les crags de Norwich et leur relation avec couche à mammifères fossiles, *par* M. J.-E. ylor.

Sur la Faune à mollusques du crag rouge, *r* M. A. Bell.

Quatrième rapport du comité pour l'exploation de la caverne de Kent, *par* M. Pingelli. - Les douze derniers mois ont été consacrés, par le comité,

à l'exploration des parties de la caverne connues sous [les]
noms de *Salle des Conférences* et de *Chambre du Su[d-]*
Ouest. Dans la première, qui doit son nom aux nombreus[es]
conférences qu'on y a faites, les dépôts présentent géné[ra-]
lement les mêmes caractères que dans les autres parties dé[-]
crites précédemment. La terre rouge subjacente, dont on [ne]
connaît pas la profondeur, s'unit intimement aux stala[g-]
mites qui constituent le sol, lequel, lui-même, est reco[u-]
vert d'une pellicule de moisissure noirâtre. Les obje[ts]
trouvés sur cette espèce de tapis n'étaient pas très-non[-]
breux ; on y remarquait : plusieurs pièces de poterie, u[n]
morceau de grès rouge taillé grossièrement, un débris à [?]
peigne en os, un vase en terre rouge, des coquilles ma[-]
rines, un morceau de cuivre fondu, la mâchoire inférieu[re]
et presque tout le crâne d'un blaireau, une mâchoire sup[é-]
rieure humaine avec huit dents, dont quatre tenaient encor[e]
à leurs alvéoles, et une coquille fossile. Dans la couche d[e]
stalagmites, on a trouvé une belle molaire de rhinocéros, [la]
prémolaire d'une hyène, deux ou trois molaires et l'h[u-]
mérus d'un ours. Depuis l'époque du rhinocéros, l'aug[-]
mentation graduelle de l'épaisseur du sol a recouvert ce[s]
débris. Mentionnons encore des restes de bois carbonis[és]
disséminés dans la même couche. Quant à la terre roug[e]
située au-dessous, sa composition est du type ordinaire. L[e]
rapport décrit les fossiles découverts, soit dans la terre elle[-]
même, soit dans la brèche rocheuse qu'elle contient. Des o[s]
fendus, portant des empreintes de dents, se rencontren[t]
dans la terre et non dans la brèche : ces os n'ont pu êtr[e]
rongés que par la dent des hyènes, et la manière dont il[s]
ont été divisés atteste la présence de l'homme. Relativemen[t]
à l'origine de la brèche, le rapporteur est entré dans d[e]
longues considérations pour établir que, probablement, ell[e]
est arrivée sous la forme de blocs entraînés et roulés par

action de forces quelconques, et qu'elle est de formation plus ancienne que la terre rouge des cavernes. Ce résultat des travaux des douze derniers mois ne nous apporte pas de nouvelles données sur la grande question de l'antiquité de l'homme; mais, jusqu'à ce jour, on n'avait pas encore d'exemples aussi remarquables d'objets modernes trouvés dans des étages inférieurs, ou de formations plus anciennes, non plus que du cas inverse. Le sol de stalagmites est la séparation de deux périodes. Il est probable que les habitants primitifs de la caverne firent usage de silex et autres roches dont on trouve des spécimens dans la terre rouge, qu'ils fendirent les os des animaux, qu'ils employaient le feu pour la préparation de leur nourriture, et qu'ils savaient transformer des pierres en meules et en marteaux.

Sur l'état de quelques ossements dans la caverne de Kent, *par* M. W. PENGELLY.

Sur la suite des dépôts de Norfolk et de Suffolk supérieurs au crag rouge, *par* M. MAW.

Rapport du comité sur les lits de feuilles du bassin du Hampshire, *par* M. W.-S. MITCHELL.

Rapport du comité sur les lits de plantes du Groenland, *par* M. E. WHYMPER.

Sur la fracture conchoïdale du silex tel qu'on le voit sur les constructions en silex à Norwich, etc., *par* M. C. B. ROSE.

Sur les fossiles des veines minérales de Mendips, *par* M. MOORE. — L'auteur a porté son attention, depuis plusieurs années, sur ce fait curieux que la plupart des veines minérales anglaises contiennent des vestiges de corps organiques ; il en a trouvé spécialement 115 espèces dans la seule mine de plomb de Mendips, comprenant des coquilles d'eau douce et même de terre, ce qui prouvait que les minéraux appartenaient au lias, et non aux roches plus anciennes qui les contenaient. Dans le cours de l'année dernière, il a examiné 134 échantillons de minerais du nord de l'Angleterre, dont 80 lui ont donné des fossiles. Il n'a pu déterminer l'âge de quelques-unes des mines du Yorkshire et du Cumberland ; mais comme elles lui ont fourni des graines, — notamment du Flammingites gracilis, — qu'on n'avait encore trouvées que dans les mesures à l'usage de la houille, il estime qu'elles ne peuvent être d'une date antérieure à cette période. Quant à la mine de Mendips, il y a trouvé plusieurs genres de coquilles d'eau douce, qui indiqueraient le voisinage d'une surface terrestre à l'époque de la formation de la veine. Ces coquilles étaient associées à une faune marine offrant, entre autres, plusieurs genres de poissons, tels que le petalodus, l'etenoptychius, le squaloraia, l'hybodus et l'acrodus, avec de nombreuses espèces de brachiopodes, une belle nummulite et plusieurs espèces de foraminifères. L'auteur ajoute que la découverte de ces fossiles a été le résultat d'opérations pleines de difficultés, par suite de la grande cohésion des roches dans lesquelles ils étaient incorporés.

Rapport du comité sur les tremblements de terre en Ecosse, *par* M. J. BRYCE.

Sur les soulèvements et les affaissements alternatifs du sol et sur l'ordre de succession des strates, *par* le Rév. J. GUNN.

Sur les dépôts tertiaires de Victoria, *par*

. Jenkins. — La géologie de Victoria nous est peut-être
mieux connue que celle d'aucune autre colonie britannique,
la découverte de l'or ayant déterminé l'établissement d'un
service d'explorations australiennes par les ingénieurs du
gouvernement. Les travaux officiels accomplis déjà sous
l'habile direction de M. Selwyn, et qui se poursuivent activement, ont mis au jour la constitution minérale du sol de
la province sur toute sa vaste étendue, ils en ont fait ressortir du moins les traits les plus saillants, et cependant ils
nous laissent encore dans une ignorance presque absolue
sur sa paléontologie. Nous savons vaguement que les
graptolites de ses couches Siluriennes sont plus ou moins
identiques avec ceux du groupe de Québec, dans le Canada ;
que ses couches carbonifères, malheureusement peu développées, sont de l'âge mézozoïque, que ses dépôts tertiaires
sont très-riches en fossiles. A l'égard de ces fossiles, où les
espèces se comptent par centaines, toute la science acquise
jusqu'à ce jour se réduit à des descriptions de certains
coraux et échinodermes, par M. le Dr Duncan et le Rév. J.
Woods, et de quelques coquilles, par le professeur M. Coy
et par moi-même. L'âge de la couche spéciale aurifère a pu
être assez bien déterminé, d'une manière relative aux autres
couches locales. La faune et la flore devront fournir les
éléments nécessaires pour étendre cette relation et mieux
assigner les âges géologiques.

Dans ces circonstances, j'ai reçu de M. Selwyn une
nombreuse collection de fossiles tertiaires, qu'on suppose
appartenir aux époques *miocène* et *pliocène*; mais ces expressions ne sont elles-mêmes employées ici qu'avec une
signification relative et restreinte aux formations australiennes, quels que soient leurs rapports avec les formations dési-
gnées par les mêmes noms en Europe. En attendant que je
puisse rendre compte de l'examen des fossiles, je présente à

l'Association quelques renseignements sur les localités d'o[ù]
ils proviennent.

C'est sur la côte ouest de Pape Otway, promontoire situ[é]
au sud-ouest de Port-Philippe, que les dépôts marins te[r]
tiaires déploient leurs plus remarquables variétés. L[es]
falaises y présentent principalement une suite d'amas [de]
grès calcaire de l'âge post-pliocène, affectant des formes [de]
stratifications irrégulières, et recouverts de dunes ou mon[-]
ceaux de sable. Çà et là, cependant, la couche subjacen[te]
émerge à la surface du sol, comme si en quelques poin[ts]
elle avait échappé aux actions érosives et dénudantes qui o[nt]
dû creuser les espèces d'auges où se sont accumulées l[es]
masses de grès. Les dépôts tertiaires sont enclavés, géné[-]
ralement, dans les couches de grès calcaire mésozoïque.

A l'est de l'embouchure du Gellibrand, une couche d'ar[-]
gile sablonneuse, blanche, jaune et rouge, inclinée de 10
vers l'ouest, atteignant quelquefois une épaisseur de 15 m.,
est considérée comme de l'époque pliocène. A l'ouest d[u]
même fleuve, des couches de l'époque miocène s'élèvent [à]
travers un grès calcaire post-pliocène, en plongeant ver[s]
l'est, c'est-à-dire en sens inverse de celle de l'autre riv[e.]
Elles s'étendent le long de la côte, sur une longueur d[e]
40 milles ; mais leurs stratifications sont rendues trè[s-]
obscures par la chute de masses de grès tertiaire, de l[a]
formation la plus récente. On y remarque particulièremen[t]
un dépôt d'argile, de la dureté et de la couleur de l'ardoise[,]
dans lequel abondent les fossiles, et qui peut-être fournit le[s]
plus beaux exemples de *cyprées* à l'état fossile.

Si l'on s'avance vers l'ouest, on rencontre, à un mill[e]
au delà de la rivière Sherbrook, une tranchée dans le sol
qui fait voir, à partir du niveau de la mer, deux mètres d[e]
calcaire jaune, et dix mètres d'argile bleuâtre riche e[n]
fossiles.

Continuant encore vers l'ouest, on trouve, à Cardies Inlet, les falaises d'une hauteur seulement de 10 à 13 mètres, formées de calcaire jaune qui a fourni des spécimens de *hemipatagus forbesii* et du *waldheimia*.

Si maintenant on revient au cap d'Otway, pour examiner les rivages de la baie du Port-Philippe, on constate qu'ils sont composés, par intervalles, de couches tertiaires fossi-lères, très-importantes pour la classification de ces dépôts, qui comprennent d'ailleurs la couche aurifère. D'abord, sur le côté occidental de la baie, qui est le mieux connu, on extrait de grandes quantités de fossiles des environs de Wansford et de Geelong, sur la rive droite du Barwou. Des strates de l'époque miocène y paraissent correspondre avec ceux de Spring Creek, vers le sud. Sur la côte orientale, les couches sont plus diversifiées; près du mont Elisa, elles semblent appartenir à la période éocène supérieure, mais la question est indécise. On y trouve des dépôts tertiaires, dont un, près de Shnapper Point, épais seulement de 6 mètres, est formé de strates d'argile bleue, avec des bandes de cal-caires et de sulfate de chaux cristallisé. A l'entrée de Gun-bung Creek, à deux milles à l'ouest du mont Elisa, les couches reposent sur des dépôts mésozoïques carbonacés; inclinées de 45° N.-N.-O., elles prennent une épaisseur de 40 mètres, dont 13 mètres pour cinq couches d'argile rouge, et 27 mètres pour sept couches d'argile bleue, situées au-dessous des premières.

Une autre localité, Mordialloc, sur la côte orientale de la baie, à 15 milles de Shnapper Point, mérite une mention spéciale, parce qu'on est en train d'y creuser un puits artésien. La perforation a déjà traversé le basalte qui porte les strates, à la profondeur de 80 mètres.

Sous le rapport de la beauté et du bon état de conserva-tion, les fossiles extraits de ces divers dépôts ne le cèdent pas à ceux qui proviennent des bassins de Londres et de Paris. Mais jusqu'à ce qu'on en ait fait une étude complète, on ne peut hasarder une opinion sur leurs âges respectifs.

Quatrième rapport sur les crustacés fossiles, *par* M. le Dr H. Woodward.

Sur quelques fossiles nouveaux provenant des roches de Longmynd, en Suède, *par le professeur* Otto Torrel. — L'auteur présente une série d'empreintes de diverses plantes terrestres connues des géologues sous le nom de *chondrites*. Il a trouvé ces plantes dans une formation bien plus ancienne qu'aucune de celles où l'on a trouvé des fossiles jusqu'à présent. Sir C. Lyell regarde la découverte de M. Torrell comme une des plus grandes qui aient été faites de notre temps en géologie. Il est impossible qu'on ait pu se tromper sur l'ordre chronologique et la succession des couches. Elles sont plus anciennes que les roches qui existent dans les Alpes ; elles se présentent sous la forme de strates inclinés ou renversés ; elles sont réellement à la base du système Cambrien, ou des roches primordiales de Barrow; et ces roches sont plus anciennes que les plus anciennes roches de la formation Silurienne de Murchison. Sir C. Lyell explique avec quelque étendue, la grande antiquité des roches dans lesquelles les plantes fossiles ont été trouvées.

Sur un nouveau pterygotus provenant du vieux grès rouge le plus ancien, *par* M. J.-W. Salter.

Sur les grès ferrugineux des environs de Northampton, *par* M. C. Jeeks.

Sur les poissons fossiles du comité de Cornouailles, *par* M. C.-W. Paach.

Sur une pétrification remarquable dans le Northamptonshire, *par* M. S. SHARP.

Sur le crag à Aldeby, dans le Norfolk, *par* M. C.-B. ROSE.

Notes sur la nature du terrain carbonifère de Natal, *par* M. le Dr R.-J. MANN.

Premier rapport sur les coraux fossiles de l'Angleterre, *par* M. DUNCAN. — Le rapport traite des relations qui existent entre les coraux fossiles trouvés dans les diverses formations géologiques et ceux qui vivent maintenant dans les mers des différentes parties du monde. Les coraux trouvés dans le calcaire présentent un assemblage remarquable de formes et indiquent une mer profonde.

Sur le genre clisiophylle des terrains houillers de l'Ecosse, *par* M. le Dr P. DUNCAN.

Sur les pierres branlantes artificielles. — Expérience, *par* M. W.-R. GROVE.

Sur les découvertes nouvelles se rapportant aux dépôts quaternaires, *par* M. C. MOORE.

Sur le squelette d'une baleine fossile trouvée récemment sur les côtes orientales de Suffolk, *par* M. le Dr E. CRISP.

Sur la classification des couches secondaires de l'Angleterre, *par* M. H.-G. SEELEY.

Les couches crétacées de l'Angleterre et du nord de la France, comparées avec

celles de l'ouest et du sud-ouest de la France, et du nord de l'Afrique, *par* M. *le professeur* H. Coquand.

Sur des cavités découvertes dans le gravier de la vallée du « Little Ouse. » (*Extrait d'un mémoire de* M. John Evans.) — Les géologues et les archéologues, particulièrement ces derniers, apprirent avec étonnement, il y a quelques mois, qu'on venait de découvrir, au fond de la vallée du « Little Ouse, » entre Thetford et Brandon, des cavités d'une certaine profondeur dans des lits de gravier ; que dans ces cavités on avait trouvé des outils en silex se rapportant, par leur forme, à ceux qui semblent particuliers au gravier de rivière, ou paléolithique, et que peut-être elles avaient servi d'habitations à une race d'hommes primitifs.

Les premières informations sur cet événement, communiquées par M. Fitch à la Société géologique de Norwich, spécifiaient que, sur 15 cavités déjà ouvertes, deux étaient situées à Stanton Downham et à Broom Hill. M. Fitch, qui avait visité celle de Stanton, rapportait qu'elle s'ouvrait dans un lit de gravier, à 3 mètres au-dessous du sol. Elle était assez profonde pour qu'il pût s'y tenir debout ; le fond, en forme de bassin, était de nature argileuse, la voûte merveilleusement arrondie et remarquable par le poli de sa surface ; tout annonçait, en un mot, dans la configuration de cette espèce de chambre, le produit d'une volonté intelligente. Telle fut l'impression qu'en reçut M. Fitch, et il l'exprimait en ces termes :

« On ne peut se défendre de la pensée qu'il y avait là une petite colonie ; mais, si cette conjecture est fondée, l'âge de pierre devra se rapprocher des temps historiques beaucoup plus qu'on ne l'avait encore supposé, car la construc-

on de ces chambres doit être de l'époque du gravier dans
quel elles ont été creusées.

« Ailleurs, comme à Brixham, à Torquay et autres lieux
l'Angleterre ou du continent, des cavernes formées par
nature dans des roches solides contenaient aussi des ou-
de pierre, et l'on peut dire qu'en général les récepta-
creusés dans un terrain sont des cavernes artificielles.
tte analogie indiquerait une remarquable conformité de
eurs et d'habitudes, du moins relativement à la nature
s logements, chez les habitants des contrées les plus di-
rses ; il est présumable d'ailleurs que, dès cette époque
culée, les hommes éprouvaient le besoin de s'abriter dans
s logements contre les intempéries des saisons.

« Il me semble que si nous devons trouver des os hu-
ains appartenant à l'âge de pierre, ce sera principalement
ans ces cavités ou leur voisinage. »

Ainsi que beaucoup d'autres, je fus vivement intéressé
r cette nouvelle extraordinaire. J'envisageais cependant
faits à un autre point de vue que M. Fitch, et je lui
rivis pour lui indiquer la possibilité de leur donner une
plication très-différente. Impatient de visiter moi-même
lieux, je me mis en route le 8 juillet, en compagnie de
n ami M. Flower et de M. Fitch, et nous arrivâmes au
oom Hill, à un mille et demi de Brandon. Nous rema-
âmes d'abord une tranchée haute de 8 mètres, depuis la
ie qui lui servait de base jusqu'à la surface du sol. La
che supérieure montrait, dans une épaisseur d'environ
mètres, une masse de sable veinée de gravier compact,
posant sur une bande obscure de sable argilo-ferrugineux,
8 ou 10 centimètres d'épaisseur. Au-dessous, on voyait
e assise de gravier ocreux, épaisse d'un peu moins de
mètres, se terminant par une bande de sable gris ; puis

enfin le lit de gravier inférieur, marbré de craie roulée
de filons de sable creux.

L'ouverture de la cavité correspondait, par son élévatio
à la demi-hauteur de la couche ocreuse; elle était fort étroit
mais il fut très-facile de l'élargir, nous pûmes nous y intr
duire et examiner avec une bougie l'espace souterrain. L
forme était légèrement irrégulière, les dimensions pouvai
être de 1 mètre seulement en diamètre, et de 16 décimètr
en hauteur; mais j'avoue que nous ne prîmes pas le tem
de les mesurer avec une parfaite exactitude, car nous étio
préoccupés du danger qui menaçait nos têtes, et l'évén
ment prouva que ce n'était pas tout à fait sans raison. L
fond de la cavité était recouvert de sable éboulé, la vou
sablonneuse avait peu de consistance, et au-dessus se dre
sait une muraille dont l'aspect n'avait rien de rassuran
Néanmoins, comme j'avais soupçonné l'existence d'un tuya
par lequel se serait fait un écoulement de sable, nous no
hasardâmes à sonder les parois, et ma conjecture fut bient
justifiée; deux coups de pioche démasquèrent un tuyau
peu près circulaire, large d'environ 6 décimètres et débo
chant à 1 mètre au-dessus du fond. Ce tuyau se continua
il dans la craie, c'était vraisemblable, mais nous n'eûm
pas le temps de le vérifier; un mouvement de sinistre a
gure interrompit tout à coup nos opérations, et avant qu
nous fussions complétement hors du trou, une masse
sable de plusieurs tonnes s'y était abattue. Mais la questio
ne tarda pas à être résolue, le déblaiement de la cavité m
à découvert le prolongement du tuyau dans la couche inf
rieure, et l'un des ouvriers employés à ce travail trouva so
mes yeux un outil de silex semblable à ceux qui ont é
mentionnés.

L'existence de ce tuyau, analogue à ceux qu'on rencontr
si souvent dans les sables et les graviers qui recouvrent de

ches calcaires, démontrait suffisamment que les cavités
ent d'origine naturelle, et non artificielle. Il est juste d'a-
ter toutefois que la formation de pareilles cavités est un fait
s-rare, dont je ne connais pas d'autres exemples, et qui
t avoir des causes toutes spéciales. (L'auteur expose, à
te occasion, une théorie fondée sur la décomposition d'une
tie de la craie par des eaux chargées d'acide carbonique,
venant lui-même d'une décomposition de matières vé-
ales.)

Quant aux vestiges d'industrie humaine trouvés sur les
ux, d'après les témoignages des ouvriers, ils provien-
ient plutôt des tuyaux de conduite de sable, et du voisi-
ge des cavités, que de ces cavités elles-mêmes. On sait
ils se rencontrent principalement à la base calcaire des
viers fluviatiles ; ils se sont montrés abondants à Thet-
d, dans des couches d'alluvion qui courent sur la craie,
des cours d'eau ont pu les entraîner dans des canaux
terrains avec les éléments sablonneux auxquels ils sont
ociés. A l'appui de cette conjecture, on pourrait citer le
neux puits de Dunca, de la vallée de la Somme, où des
aux de sable ont fourni une si grande quantité d'usten-
es en silex.

**Sur quelques découvertes récentes de fos-
les dans les roches cambriennes**, *par* M. H.
cks.— L'auteur dit dans ce mémoire qu'il a trouvé, dans
couches du terrain cambrien inférieur, une faune qui
ntenait des espèces appartenant à au moins dix genres,
nsistant en brachiopodes, ptéropodes, phyllopodes, etc

**Sur les changements géologiques qui ont
 lieu sur les côtes de Bretagne à des épo-
es récentes,** *par le Rév.* J. Brodie.

Sur l'épaisseur de la craie dans le Norfolk, *par* M. C.-B. Rose.

Sur les crânes et les os de l'iguanodon, *par le Rév.* W. Fox. — Le mémoire fait connaître qu'il y a plusieurs espèces de ce genre de saurien.

Sur les rapports entre les reptiles éteints et les reptiles vivants, et sur l'état actuel de nos connaissances sur les ptérodactyles, *par* M. H.-G. Seeley.

Notice sur certains restes de reptiles trouvés dans les mesures de charbon du Lanarkshire, *par* M. T. Thomson.

Note sur le bassin à mine de charbon et à minerai de fer de l'ouest de l'Asie mineure, et sur la géologie du district, *par* M. le Dr Hyde Clarke.

Sur la découverte récente de diamants dans la colonie du Cap, *par* M. *le professeur* Tennant. — On a trouvé depuis peu dans cette colonie une assez grande quantité de diamants. Quelques-uns pèsent neuf carats et sont estimés 12 500 francs. Quelques agates, calcédoines et autres pierres précieuses ont été trouvées dans le même dépôt. Tout récemment on a trouvé un diamant du poids de quinze carats et demi.

Sur les diamants du Brésil, *par le Rév.* C.-G. Nicolay.

Sur le classement et la distribution des brachiapodes fossiles en Angleterre, *par* M. J.-L. Lobley.

Sur les plus anciennes couches de crags, *par* M. E.-R. LANKESTER. — Dans le comté de Suffolk, qui s'étend sur l'argile de Londres, presque partout où se montre le crag rouge ou celui de coralline, on remarque une couche formée, sur une épaisseur d'un demi-mètre à un mètre, de noyaux de diverses grosseurs, mélangés d'os et de dents. Ces noyaux, ces os et ces dents sont tous arrondis, usés comme des galets qui ont été longtemps battus, et roulés par les flots de la mer. Ils proviennent évidemment d'un ancien rivage, et constituent ce qu'on nomme « le lit de pierre de Suffolk. » La plupart des noyaux sont des concrétions d'argile de Londres durcie par du phosphate de chaux. En outre, le lit de pierre de Suffolk contient des restes de mammifères de deux sortes : les uns sont terrestres — mastodonte, rhinocéros, tapir, ours — et les autres maritimes, principalement de l'espèce baleine. On s'explique sans difficultés la présence des débris de mammifères terrestres, ces animaux ont dû vivre sur un même sol, et être emportés violemment par des eaux débordées. Mais quelle a été l'origine des baleines et de monstrueux requins qui les accompagnent? Comment sont-ils arrivés en si grande abondance dans le Suffolk, tandis que des couches analogues du Norfolk n'en offrent pas une trace ? Une seule réponse est possible : ces débris sont venus de quelque grand dépôt d'une époque plus ancienne que les couches où nous les trouvons, par exemple, du Diestien ou crag noir de Belgique, et l'usure de leur surface atteste qu'ils ont été roulés et charriés par les flots. Nous voyons ici une preuve de l'existence à une certaine époque d'une mer plus chaude que les mers actuelles de nos parages, et les indices d'une faune qui se rapproche de la période miocène plus qu'aucun crag de l'est de l'Angleterre. On a découvert dans le Diestien les restes parfaitement conservés de plus de 20 baleines à long museau, comme celles qui vivent dans les mers tropicales, ceux d'immenses requins de 25 m. de longueur, et d'un grand veau-marin remarquable par ses énormes défenses ; or, ces restes semblent entièrement identiques avec les os de Norfolk, sauf l'altération superficielle produite par le frottement. Un fait vient à l'appui de mes inductions : on remarque, parmi les débris osseux de Suffolk, certains noyaux de grès qui ont toute l'apparence de fragments enlevés aux anciens dépôts du Diestien, durcis ensuite et usés dans leur transport par les eaux. On trouve même beaucoup de ces noyaux adhérents aux os et aux dents des baleines et des requins, jamais à ceux des mastodontes ou autres mammifères terrestres. En outre, le grès a conservé de nombreuses coquilles, toutes différentes de celles du crag rouge et du crag de coralline. Mais le fait le plus important à constater, c'est l'apparition, en très-grande quantité, d'une coquille du crag noir ou du Diestien, l'*Iso Cordia Lunulata*. Cette coquille est étrangère au crag rouge et au crag de coralline du Suffolk, elle est extrêmement rare dans nos crags anglais ; sa présence dans les noyaux démontre incontestablement qu'ils proviennent d'un dépôt tout à fait différent des couches dans lesquelles on les trouve, et que très-probablement ils appartiennent par leur origine à une formation contemporaine du Diestien.

Sur les filons remarquables d'ardoise de Festigniog, *par* M. S. JENKINS.

Sur la contradiction entre les plantes fossiles et la théorie des transformations graduelles, *par* M. *le professeur* GOEPPERT.

Sur les couches de poissons de Kiltorcan, dans le comté de Kilkenny, *par* M. W.-H. BAILY.

Dernier rapport sur le dragage entre les îles Shetland, *par* M. J.-G. Jeffreys. — Malgré le temps qui a été cette année extraordinairement froid et orageux, on a obtenu quelques résultats nouveaux. On a ajouté à la faune britannique une belle espèce de Pleurotoma (*P. carinata Philippi*) qui avait été d'abord découverte en Sicile à l'état fossile, et qu'on a signalée depuis comme habitant les côtes de la Norwége supérieure. On a encore trouvé plusieurs espèces plus rares, particulières à la mer de Shetland. M. Jeffreys a ensuite comparé les molusques de notre mer du Nord avec ceux de la Méditerranée et de l'Adriatique, qu'il a étudiés avec soin, tant dans les dragages faits par lui-même dans le golfe de la Spezzia que dans presque toutes les collections publiques et privées. Quoique les espèces littorales des parties nord et sud des mers de l'Europe présentent des différences considérables, il y a cependant une identité remarquable entre celles qui habitent à de grandes profondeurs. Sur 317 espèces des îles Shetland, on n'en trouve pas moins de 244 qui vivent au sud de la baie de Biscage,

Sur les éponges des îles Shetland, et sur un nouveau genre remarquable d'éponge, *par le Rév.* A.-M. NORMAN.

Rapport sur les annélides trouvés en 1867 par M. J.-G. Jeffreys, près des îles Shetland, *par M. le* Dr M. INTOSH.

Sur l'HYALONEMA BOREALE, **et les formes alliées,** *par le Rév.* A.-M. NORMAND.

Sur les genres POLYTHOA **et** ZNANTHUS **qui recouvrent les éponges,** *par le Rév.* A.-M. NORMAN.

Remarques sur les propriétés de l'ATROPA RHOMBOIDEA (Hooker) **en connexion avec les caractères botaniques,** *par M. le professeur* BALFOUR.

Notice sur l'HIERACIUM COLLINUM (Fries) **qui se trouve dans Selkirkshire, avec des remarques sur les additions récentes à la flore de l'Écosse,** *par M. le professeur* BALFOUR.

Sur le SIERPUS PARVULUS **retrouvé,** *par M.* A.-G. MOORE.

Rapport sur l'action du mercure sur la sécrétion de la bile, *par M. le professeur* BENNETT. — L'objet des recherches expérimentales entreprises par le Comité d'Edimbourg était de reconnaitre si les différentes préparations mercurielles exerçaient une influence marquée en augmentant ou en diminuant la sécrétion de bile. Pour résoudre cette question, le Comité a été obligé de faire des observations sur des chiens dans le corps desquels on avait pratiqué des fistules. Ces fistules permettaient de recueillir, de peser et d'analyser toute la bile sécrétée par le chien avant et après qu'on lui eût administré le mercure. Les expériences ont amené le Comité à conclure que les préparations mercurielles sont sans effet sur la sécrétion de la bile jusqu'à ce que la dose soit portée au degré où elle empoisonne, ce qui se reconnaît à un dépérissement considérable de l'animal.

Sur l'action physiologique de la série méthylique, *par* M. le Dr B. Richardson. — Le docteur Richardson rend compte des recherches auxquelles il s'est livré, conformément à une résolution de l'Association, sur les quatre points suivants : 1° la réalisation de l'utilité pratique des propriétés qu'il avait reconnues théoriquement dans la série méthylique ; 2° un examen plus approfondi de l'action des corps de cette série qui produisent le sommeil et l'insensibilité à la douleur (les anesthésiques) ; 3° des recherches sur ceux qui n'avaient pas encore été étudiés par les physiologistes ; 4° une vérification de l'influence antidotale de plusieurs des mêmes corps contre l'action de certains poisons de la classe des alcaloïdes. Relativement au premier point, l'auteur a pris en considération le bichlorure de méthylène, le nitrite d'amyl et l'iodure de méthyl. Le bichlorure de méthylène, qu'il avait proposé, l'année dernière, comme anesthésique, a été déjà employé comme tel en diverses parties du monde, et partout on s'est félicité des résultats. Le nitrite d'amyl montre toujours la même efficacité contre les spasmes d'angine pectorale ; l'auteur a essayé l'iodure de méthyl dans le traitement du cancer, et le résultat est très-encourageant. En ce qui con-

cerne le second point, M. Richardson a fait voir qu'il y a
entre les anesthésiques de grandes différences sous le rapport des dangers de leur application, en exposant les changements physiques qu'ils produisent dans le sang, leur
influence sur la circulation et la respiration, ainsi que sur
la température animale et l'excitation galvanique. En reprenant toutes ses expériences, il est arrivé à cette conclusion fondamentale, que le sommeil anesthésique ne peut
avoir par lui-même de mauvais effets, et que les causes de
danger qui peuvent se développer pendant l'opération sont
indépendantes même du sommeil le plus profond. Il a, en
outre, acquis l'heureuse conviction que nous possédons des
agents anesthésiques exempts de toute cause du danger. Il
recommande instamment aux hommes de l'art médical
d'exclure de leur liste d'anesthésiques tous ceux qui ne produisent pas un sommeil semblable, autant que cela est possible, au sommeil naturel, et il donne une formule théorique pour la composition d'un anesthésique parfaitement
sûr, spécialement à l'usage des chimistes. Pour satisfaire au
troisième point, l'auteur a décrit l'action de l'éther méthylique combiné avec l'éthylique, et celle du formiate d'éthyl.
Enfin, quant au quatrième point, relatif à la neutralisation
des poisons, M. Richardson a constaté que l'iodure de
méthyl, l'iodure d'éthyl, et les nitrites de ces corps possèdent la remarquable propriété d'arrêter l'action de certains poisons, notamment de la strychnine et de la nicotine.
Par l'emploi de ce moyen, la vie a pu être conservée pendant
deux ou trois jours dans certains cas, et la santé a été re-
couvrée complétement dans un seul cas. La grande difficulté consistait à n'administrer exactement que la quantité
d'antidote nécessaire pour neutraliser le poison. L'action
neutralisante est-elle chimique ou physiologique? Le docteur Richardson serait porté à penser qu'elle est physiolo-

gique, il a du moins acquis la preuve qu'elle est de cette nature dans le cas de certains antidotes ; mais il réserve son opinion relativement aux iodures et aux bromures.

Rapport sur l'examen des substances animales par le spectroscope, *par* M. E. RAY-LANKESTER.

Sur les homologies et la notation des dents des mammifères, *par* M. W.-H. FLOWER.

Sur des effets remarquables produits par un froid intense dans les fonctions organiques, *par* M. le Dr RICHARDSON. — L'auteur établit comme un premier fait, conclu de nombreuses expériences, que chez les animaux inférieurs, tels que la grenouille, les centres nerveux qui ont été longtemps exposés à un froid intense, et complétement gelés, peuvent revenir parfaitement de cet état d'insensibilité et de mort apparente. Les animaux en état de congélation ne respirent pas ; car si on les tient plongés dans des gaz impropres à la respiration, tels que l'acide carbonique, l'azote ou l'hydrogène, ils n'en sont pas moins capables de reprendre le mouvement et la vie par le retour de la chaleur. Si les animaux gelés sont tenus dans l'éther, on s'aperçoit du retour de la vie à l'apparition de quelques bulles d'air qui s'élèvent à la surface du liquide. En second lieu, relativement à la circulation du cerveau, l'auteur a constaté que chez les animaux à sang chaud, un refroidissement graduel du cerveau produit un ralentissement dans la circulation, et que si le refroidissement se continue jusqu'à la congélation de la base du cerveau, il en résulte pour le cœur et le pouls cet état qu'on nomme l'intermittence, bientôt suivi de la cessation complète du mouvement. Ce fait a de l'importance, parce qu'il est une preuve de l'action du cerveau sur le cœur. L'auteur a vérifié que dans tous les cas où le cerveau éprouve un grand affaiblissement, résultant, par exemple, d'une fatigue mentale, d'une commotion, d'une vive anxiété, des irrégularités dans l'action du cœur en étaient la conséquence immédiate. Tout le monde, sans doute, a remarqué de pareils effets; mais on les attribue généralement à un état de souffrance ou à une sorte de maladie passagère du cœur, tandis qu'ils sont dus uniquement à un affaiblissement temporaire du cerveau. Le troisième résultat obtenu par M. Richardson consiste en ce que, par l'influence d'un froid extrême sur les centres nerveux (cerveau et moelle épinière), l'action de poisons aussi actifs que la strychnine peut être suspendue. On pourrait prévoir ici la naissance d'un nouveau mode de traitement de certaines maladies de la nature du tétanos.

Le quatrième fait constaté par l'auteur semblera singulièrement paradoxal : c'est que les froids extrêmes s'opposent à là rigidité cadavérique. Comme le corps se refroidit après la mort, on se persuadait naturellement que la rigidité était un effet du refroidissement. Cependant, c'est le contraire qui a lieu, la rigidité du cadavre est accélérée par la chaleur et retardée par le froid, et probablement elle peut être retardée indéfiniment par une continuation indéfinie du froid. Le corps d'un animal étant déjà rigide, si on le gèle et qu'ensuite on le dégèle, la rigidité primitive disparaît, et le corps devient flasque. Comme cinquième et dernier résultat, l'auteur rapporte les effets singuliers qu'il a obtenus en gelant et dégelant rapidement la peau de certaines parties du corps. Chez les oiseaux traités de cette manière, on remarque des mouvements irréguliers et bizarres, et d'autres indices des perturbations du système nerveux. Un pigeon auquel on avait fait l'opération sur le côté gauche du cou se mit aussitôt à marcher latéralement dans la direction de gauche à droite.

Sur la physiologie de la douleur, *par* M. *le professeur* ROLLESTON.

Rapport sur la flore fossile, *par* M. W. CARRUTHERS.

Sur l'extinction de la grande outarde dans le Norfolk et le Suffolk, *par* M. H. STEVENSON.

Sur le côté zoologique des lois sur la chasse, *par le professeur* A. NEWTON. — L'auteur demande une loi qui défende le port d'un fusil comme un délit, pour empêcher la destruction des animaux, parce que si l'état de choses actuel durait plus longtemps, il se produirait dans notre faune des changements dont nos descendants nous seraient peu reconnaissants.

Sur le coq d'Inde huppé, *par* M. A.-D. BARTLETT.

Sur des incisions annulaires faites aux muriers, *par le professeur* FAIVRE.

Sur le WELLINGTONIA GIGANTEA, **avec des remarques sur sa forme et la marche de sa croissance comparées à celles du cèdre du Liban**, *par* M. J. HOGG. — Ce mémoire commence par une esquisse historique de la découverte faite par M. Whitehead, en 1850, de cet arbre gigantesque du nord-ouest de l'Amérique, dans le bouquet de bois de Calaveras, en Californie. La position de ce bois, à une hauteur de plus de 4 000 pieds au-dessus du niveau de la mer, est à 58° de latitude nord et à 120° 10' de longitude ouest. L'auteur décrit plusieurs de ces immenses conifères trouvés, en 1852, par MM. Dowe et Lewis, et il donne les noms et les dimensions de quelques-uns des plus grands arbres du bois de Calaveras. Parmi ceux-ci, le *père des forêts* a 110 pieds de circonférence près du sol, et environ 435 pieds de hauteur. On ne peut pas être bien sûr de trouver exactement l'âge de cet arbre en comptant le nombre de zones concentriques de son tronc, parce que, comme quelques autres arbres, il a deux pousses par an ; c'est du moins l'opinion de plusieurs botanistes. On a estimé à 3000 ans la longévité du Wellingtonia dans les forêts primitives de l'Amérique, et à 2500 celle des cèdres du Liban. M. Hogg fait remarquer que la formation des zones concentriques dans le tronc de cet arbre demande une étude nouvelle.

Progrès de la culture du saumon en Angleterre, *par* M. FRANK BUCKLAN. — L'auteur appelle l'attention du public sur son *Museum de pisciculture économique*, aux jardins d'horticulture, à Kensington. Il a fait éclore et envoyé pour différentes rivières près de 40 000 saumons et truites l'année dernière.

Sur la distribution des principaux arbres pour bois de charpente dans les Indes, et sur les progrès dans la conservation des forêts, *par le docteur* CLEGHORN.

Sur les droits de l'arboriculture comme science, *par* M. BROWN.

Sur les défenses de l'éléphant des Indes, avec des remarques sur leurs affinités, *par le docteur* COBBOLD.

Sur certains effets de l'alcool sur le pouls, *par le docteur* AUSTIE.

Sur les muscles pectoraux, *par le professeur* ROLLESTON. — Le docteur Rolleston fait voir quels sont, chez l'homme et chez quelques mammifères, les muscles qui correspondent aux trois muscles pectoraux de l'oiseau.

Sur l'électrolyse dans la bouche, *par* M. J. BRIDGMAN.

Sur la transmission de la lumière à travers les corps des animaux, *par le docteur* RICHARDSON. — Différentes lumières ont été employées, savoir, la lumière électrique, la lumière oxhydrique et la lumière du magnésium. Cette dernière est la meilleure pour toutes les applications pratiques ; elle est la plus commode et elle a l'avantage de pénétrer plus profondément. On peut voir dans un enfant les os du bras et du poignet. Dans un sujet très-jeune, on peut voir aussi les mouvements et les contours du cœur.

Rapport sur les éponges des îles de Shetland, avec la description d'un nouveau genre d'éponge remarquable, *par le Rév.* A.-M. NORMAN. — On a rencontré plus de quatre-vingts espèces d'éponges dont trente-trois n'ont pas encore été trouvées ailleurs. Il y en a trois de ces dernières dont les formes sont extraordinairement belles ; une *Isodictya*, en forme d'éventail, qui surpasse en dimension toutes les autres espèces du genre, excepté l'*I. infundibuliformis*, et de la structure la plus élégante, à laquelle le docteur Bowerbank propose de donner le nom de *I. laciniosa* ; la seconde est le type d'un nouveau genre, et sera appelée *Raphioderma coacervata* ; la troisième est aussi le type d'un genre nouveau très-remarquable, pour lequel on propose le nom de *Oceanapia*.

Sur quelques organismes qui vivent au fond de l'Atlantique du nord, à des profondeurs de 2 000 à 5 000 mètres, *par le professeur* HUXLEY. — En 1857, le professeur Huxley, chargé d'examiner des spécimens de matière retirée des vases qui forment le lit de l'océan Atlantique du nord, dans cette partie qu'on nommait le Plateau-du-Télégraphe, en fit un rapport qui fut publié en 1858. Il y décrivait de petites particules ovales de carbonate de chaux, se rapportant aux coccolithes. Dans une série de mémoires qui datent de 1860 et 1861 sur les produits des sondages dans la même région de l'Océan, le docteur Wallich a décrit des corpuscules qu'il nommait coccosphères, et qu'il considérait comme la souche des coccolithes; plus tard, M. Sorby a découvert quelques faits intéressants sur le même sujet. M. Huxley a repris dernièrement l'étude de ses spécimens avec l'aide d'un plus puissant microscope, et il a pu ainsi répandre une lumière nouvelle sur l'histoire des coccolithes et des coccosphères. Il a reconnu d'abord deux espèces distinctes de coccolithes, dont l'une a une structure plus complexe que l'autre. Ces deux espèces se développent dans une matière granuleuse et gélatineuse; elles ne dérivent point des coccosphères, comme le supposait le docteur Wallich. Les substances calcaires amenées par les sondages doivent leur viscosité, en très-grande partie, à la présence d'agglomérations de petites masses protoplasmiques de matière gélatineuse dans laquelle se montrent des coccolithes et des coccosphères. Suivant le professeur Huxley, les coccolithes ont avec la matière gélatineuse vivante qui les entoure la même relation que le noyau solide d'une sèche avec son enveloppe charnue. Cette matière contient des granules agglomérés en groupes, dont chacun a, tout au plus, $\frac{1}{100}$ de millimètre de longueur, et un tel groupe constitue un être distinct. Les coccolithes les plus grands ont une longueur de 4 à 5 dixièmes de millimètre. Ces organismes gélatineux attestent un bien remarquable développement de la vie, à des profondeurs d'eau de 2 000 à 5 000 mètres, mais l'habile observateur n'a pu encore reconnaître si ce sont des animaux ou des végétaux.

Remarques sur le langage et la mythologie comme formant une branche de la science biologique, *par* M. E.-B. TYLOR.

Sur le forage de certains annélides, *par le Docteur* M'INTOSH.

Sur la proboscide des Ommatoplœa, *par le docteur* M'INTOSH.

Sur un nouvel ESCHARA **de Cornouailles,** *par* M. C.-W. PEACH.

Échantillons d'agarics, *présentés par* M. BERKELEY.

Sur le type, le polymorphisme et la variation dans leurs rapports avec l'origine des espèces, *par* M. B.-T. LOWNE.

Sur quelques-unes des modifications du réceptacle, *par le professeur* DICKSON.

Sur la MUFFA **des sources sulfureuses de Valtieri,** *par* MM. MOGGRIGDE.

Sur seize crânes d'Esquimaux, *par le professeur* ROLLESTON.

Sur la connexion entre la constitution chimique et l'activité physiologique, *par le docteur* E. BROWN.

Sur la physiologie du langage, fondée sur des faits de maladies du cerveau, *par le docteur* H. JACKSON. — La perte de la parole arrive presque toujours avec la paralysie d'un côté du corps, appelée hémiplégie, et, chose étrange, c'est presque toujours le côté droit qui est paralysé. Le docteur Jackson pense que la maladie du *corpus striatum* produit la perte ou le défaut du langage. Il ne se sert jamais du mot *faculté*, ni de plusieurs autres termes introduits récemment dans la science, tels que *aphasie*, *aphémie*, etc.

Sur l'action physiologique de la série méthylique, *par le docteur* B.-W. RICHARDSON. — Ceci est un rapport spécial, présenté à l'Association, en conséquence de la résolution prise l'année dernière à Dundee. Le docteur Richardson fait voir que l'iodure de méthyle, l'iodure d'éthyle, et les nitrites de ces corps possèdent la singulière propriété d'arrêter l'action de certains poisons, spécialement de la strychnine et de la nicotine. Dans quelques cas, la vie a été prolongée pendant deux ou trois jours, et dans un cas, l'animal a été sauvé. La grande difficulté est de proportionner l'antidote pour neutraliser le poison.

Sur l'ERYSIMUM ORIENTALE qui se rencontre dans des circonstances particulières à Edimbourg, *par* M. ARCHER.

Sur l'identité spécifique de l'amandier et du pêcher, *par le professeur* K. KOCH. — L'auteur dit qu'il a voyagé pendant quatre ans sur les montagnes du Caucase, de l'Arménie, de quelques parties de la Perse et de l'Asie mineure, dans le dessein d'étudier l'origine de nos arbres fruitiers. Il croit que nos poiriers, nos pommiers, nos cerisiers, la plupart de nos pruniers, et aussi nos pêchers et nos abricotiers ne sont pas originaires de l'Europe. L'abricotier ne croît pas à l'état sauvage dans les contrées orientales ; il vient peut-être de la Chine ou du Japon, ainsi que le pêcher. Cependant, dans l'est de la Perse croît un pêcher main, intermédiaire entre le pêcher et l'amandier. Pour quelques naturalistes, le pêcher n'est qu'une variété de l'amandier dans lequel la peau sèche de l'amande est devenue charnue, et son noyau a acquis avec le temps une surface rugueuse.

Sur la classification des espèces de crocus, *par le professeur* K. Koch.

Sur la nécessité de photographier les plantes pour mieux les connaître, *par le professeur* K. Koch.

Sur les sapindacées, *par* M. Radlkofer.

Sur le Lastrea rigida **qui se rencontre dans le nord du pays de Galles,** *par* M. G. Maw.

Sur une mousse nouvelle d'Angleterre trouvée l'été dernier à Ben-Lawers, *par le docteur* Fraser.

Sur la possibilité d'introduire dans l'ouest de l'Irlande les plantes du sud de l'Europe, *par le professeur* Hennessey.

Notes sur deux guêpes de l'Angleterre et leurs nids, avec leurs photographies, *par* M. John Hogg.

Notice sur des poissons rares qui se rencontrent dans le Norfolk et le Lothiuglam, *par* M. T.-E. Gunn.

Note sur une sèche octopode mâle, *par* M. R. GARNER.

Sur les défenses du Walrus, *par le docteur* OTTO TORRELL.

Sur la structure du COPPINIA ARITA, *par le professeur* ALLMAN.

Sur l'étude de l'histoire naturelle dans les écoles, *par le docteur* GRIERSON.

Sur les difficultés du darwinisme, *par le Rév.* F.-O. MORRIS.

Sur le siége de la faculté du langage articulé, *par le professeur* P. BROCA.

Sur le siége dans le cerveau et les causes de la faculté de prononcer, *par* M. R. DUNN.

Sur le canal intestinal et les autres viscères du gorille, *par* M. le Dr CRISP. — La conclusion de l'auteur est que ce singe est bien inférieur au chimpanzé et à l'orang.

Sur le poids relatif et la forme de l'œil et la couleur de l'iris dans les animaux vertébrés, *par* M. le Dr CRISP. — Voici quelques-unes des conclusions de l'auteur : La giraffe, le cheval, l'élan et le bison sont parmi les mammifères terrestres ceux qui ont les plus grands yeux, mais plusieurs quadrupèdes plus petits ont des yeux relativement plus grands ; dans tous les vertébrés (excepté chez les poissons) la couleur dominante des yeux est le brun.

Sur quelques points relatifs à l'anatomie des viscères du thylacinus, *par* M. le Dr CRISP.

Recherches additionnelles sur l'asymétrie des pleuronectides, *par* M. *le professeur* TRAQUAIR.

Sur la flore de l'île de Skye, *par* M. *le professeur* LAWSON.

Sur la distribution géographique du BUXBAUMIA APHYLLA **dans la Grande-Bretagne,** *par* M. *le professeur* LAWSON.

Sur la distribution géographique des genres de crustacés à yeux sessiles de la Grande-Bretagne, *par* M. C.-S. BATE *et* M. *le professeur* WESTWOOD.

Sur la vitalité comme mode de mouvement, *par* M. le Dr T. DICKSON.

Sur l'anatomie comparée et les homologies de l'Atlas et de l'Axis, *par* M. le Dr MACALISTER.

Sur les relations entre les membres et les segments du corps, *par* M. *le professeur* CLELAND.

Sur l'anatomie du CARINARIA MEDITERRANEA, *par* M. R. GRANER.

Sur la génération des corpuscules blancs du sang, *par* M. le Dr BÉHIER.

Sur les substances albuminoïdes des corpuscules du sang, *par* M. *le professeur* HEYNSIUS.

Sur la nomenclature des dents des mammifères et des dents de la taupe, *par* MM. E.-R. LANKESTER *et* H.-N. MOSELY.

10.

La trompe d'Eustache est-elle ouverte ou fermée dans l'acte de la déglutition ? — Le professeur Cléland répond à cette question, et son avis est directement contraire à l'opinion générale, suivant laquelle le tube d'Eustache serait fermé dans son état habituel, et ouvert au moment de la déglutition. Il prétend donc que cet organe est habituellement ouvert, et qu'il se ferme spasmodiquement par l'ingestion de la nourriture ; sa conviction est le résultat de considérations anatomiques, aussi bien que d'observations faites sur un malade chez lequel le conduit auriculaire se laissait voir par l'ouverture d'une plaie.

SECTION E. — GÉOGRAPHIE ET ETHNOLOGIE.

Sur la géographie physique de la partie de l'Abyssinie traversée par l'armée expédionnaire anglaise, *par* M. C.-A. MARKHAM. — La région traversée par notre expédition militaire forme une série de montagnes et de plateaux, s'étendant du nord au sud sur une longueur de plus de 300 milles (480 kilom.) et formant la ligne de séparation des eaux entre le Nil et la mer Rouge. Elle est partagée en trois régions distinctes : 1° la région arrosée par le Mareb ; 2° la région arrosée par l'Athara ; et 3° celle qui est arrosée par l'Abaï, ou Nil bleu. Les flancs, à l'est de ces montagnes, ne découlent que de petits torrents qui sont desséchés par les chaleurs torrides à mesure qu'ils approchent de la mer Rouge ; mais, du côté de l'ouest, les rivières ont de longs cours à travers de profondes vallées.

Sur les races indigènes de l'Abyssinie, *par* le Dr H. BLANC. — Isolée par les régions arides qui l'envi-

ronnent, la région élevée de l'Abyssinie forme dans la brû-
lante Afrique comme un joyau à part, une oasis d'un climat
tempéré et très-sain. La population de l'Abyssinie est une
race mêlée, issue de plusieurs envahisseurs, et il est douteux que l'on puisse retrouver un vrai spécimen de la race
abyssinienne primitive. Les Shankalas, tribu nègre qui ha-
bite les forêts de la contrée basse de la frontière du nord,
ne sont certainement pas cette race. Ils ont la peau noire,
les cheveux laineux, le nez aplati ; ignorants et adorateurs
de fétiches, vêtus de peaux d'animaux et armés de mas-
sues. Les plus anciens récits représentent la race abyssinienne comme puissante, entreprenante et à un degré de
civilisation supérieure à celle des autres peuples de l'Afrique, et il est probable qu'elle a bien dégénéré de son ancienne condition. Les Abyssiniens d'aujourd'hui sont une
race mêlée dans laquelle les éléments arabe, juif et galla
sont plus ou moins combinés.

**Sur la péninsule du Sinaï et sa situation
géographique dans l'histoire de l'Exode**, *par
le Rév.* F.-W. HALLAND. — L'auteur a fait deux voyages à
pied dans la péninsule du Sinaï, dans le dessein de reconnaître la route des Israélites. Il est arrivé à conclure qu'il
ne s'est pas produit de grands changements dans la péninsule du Sinaï depuis l'époque reculée de l'Exode.

**Sur les grandes prairies et les prairies
des Indiens**, *par* M. W. HEPWORTH DIXON.

**Sur les habitants anciens et actuels de la
Cyrénaïque**, *par le commandant* L. BRINE. — Cyrène est
située sur le sommet de collines et en vue de la mer, à une
hauteur de 2 000 pieds. Après que les villes furent détruites
par les invasions successives des barbares à la chute de

empire romain, des tribus de Bédouins occupèrent le pays et plantèrent leurs tentes à l'ombre des amphithéâtres et des églises chrétiennes. L'islamisme fanatique des autres contrées septentrionales de l'Afrique est inconnu chez les habitants actuels de la Cyrénaïque, qui n'accomplissent que froidement certaines formes extérieures ordonnés par le Coran. La population actuelle est composée de trois classes d'Arabes socialement distinctes : Les Arabes stationnaires, les nomades armés, et les Bédouins. Les tribus nomades sont dangereuses et agressives. Les hommes ne sont jamais sans leurs fusils, et s'ils sont supérieurs en nombre, ils sont menaçants pour les étrangers.

Sur les rivières et les territoires de Rio de la Plata, *par* M. T.-J. HUTCHINSON.

Route à travers les possessions anglaises de l'Amérique du Nord, *par* M. A. WADDINGTON. — L'auteur a consacré plusieurs années dans la Colombie anglaise à l'exploration, par lui-même ou par ses agents, des différentes routes à travers les montagnes Rocheuses, en vue de découvrir la meilleure ligne pour une route qui conduirait du Canada à la côte du Pacifique. Il croit avoir résolu la question d'une manière satisfaisante, et avoir trouvé une ligne praticable, même pour une voie ferrée, partant des plaines de Saskatchewan, traversant la plaine centrale de la Colombie anglaise, et se rendant à la baie de Bute. L'auteur conclut en disant que la ligne de communication la meilleure et la plus facile avec le Pacifique, à travers le continent de l'Amérique du Nord, est celle qui passe par les possessions anglaises.

Géographie physique des îles de la Reine-Charlotte, *par* M. R. BROWN. — La découverte du cuivre et de l'or faite dans ces îles, il y a peu d'années, et leur

proximité de la colonie de Vancouver ont attiré davantag[e]
l'attention sur elles ; mais la ligne de leurs côtes est encor[e]
imparfaitement connue. Il y a trois îles principales, séparée[s]
par des canaux étroits. Les côtes de l'ouest de ces îles son[t]
bien plus escarpées que celles de l'est. Leur surface est tou[te]
couverte de forêts, principalement de conifères. Leur struc[-]
ture géologique paraît être formée de couches de conglomé[-]
rats, de charbon et de grès métamorphique, reposant su[r]
des roches d'éruption. Le charbon a toute l'apparence d[e]
l'anthracite altéré par des roches ignées d'une manièr[e]
remarquable. Quoique situées entre 54° 55' et 54° 20' d[e]
latitude nord, le climat de ces îles est bien plus doux qu[e]
celui de la terre ferme qui est plus au sud. Les habitant[s]
ne cultivent que des pommes de terre qui sont d'une excel[-]
lente qualité.

Sur les explorations du Groenland, *par*
M. E. WHYMPER. — Le professeur Heer a reconnu
d'après les plantes fossiles, que le climat était chaud pendan[t]
la période miocène au nord du Groenland, à la latitud[e]
nord de 69°. Sur des points où maintenant les plus gro[s]
arbres ont à peine un pouce de diamètre, croissaient de[s]
sapins, des bouleaux, des peupliers, et même des chênes[,]
des hêtres, des noyers, des châtaigners et des magnolier[s]
qui se chargeaient de fleurs et de fruits. Les côtes son[t]
formées d'une suite de collines au delà desquelles s'é[-]
tend vers l'intérieur un immense plateau de glaces qu[i]
descend vers la mer à travers les vallées : nulle trace d[e]
végétation, pas une pierre, pas un morceau de terre ne s[e]
voit sur cette étendue uniforme et glacée. Les Groenlandai[s]
naturels se servent d'instruments en os et en pierre. L'au[-]
teur a trouvé, à Jacobshavn, des instruments en silex, en[...]
agate, en calcédoine, en jaspe, en cristal de roche, etc.[...]

lusieurs sont admirablement travaillés, et sont une preuve
que les Groenlandais ont atteint une grande perfection dans
cet art. Ils se nourrissent presque exclusivement de la chair
de veau-marin ; cet animal est le plus important qui se
trouve sur les côtes, et il y en a cinq espèces bien distinctes.
Le nombre des peaux de veaux-marins qui se vendent aux
commerçants s'élève à soixante, soixante-dix, et même cent
mille par an. Le narval est très-recherché par les Groenlandais pour les pointes de harpon qui sont faites de sa corne.
Le narval a la faculté de renouveler la pointe de sa corne
quand elle a été brisée ; le fait a été observé par l'auteur
lui-même. La corne de narval n'a pas plus de valeur qu'un
autre ivoire ; mais, il y a quelques années, une belle corne
aurait coûté 750 francs. On dit que ce prix si élevé venait
de ce qu'on bâtissait en Chine un temple pour la décoration
auquel les cornes de narval étaient regardées comme indispensables. La population du Groenland s'élève à environ
90 000 âmes.

Sur les îles Seychelles, *par* M. Percival Wright.
— Les îles Seychelles, comme l'on sait, sont situées dans
l'océan Indien, au sud de l'Équateur. Elles furent découvertes probablement par Vasco de Gama ; les Français en
prirent possession en 1742 ; elles tombèrent au pouvoir des
Anglais en 1794, et pendant les guerres de la Révolution,
elles furent colonisées par des prisonniers français. Les co-
lons se marièrent avec des femmes noires de la race indigène, et ces unions ont produit la majeure partie de la population actuelle, remarquable par ses mœurs, sur lesquelles M. Percival Wright donne des détails intéressants.

**Rapport sur une communication terrestre
entre l'Inde et la Chine**, *par M. le général* Scott
Waugh. — Le rapporteur expose que l'ouverture d'une

route praticable entre les possessions anglaises de l'Inde et l'empire chinois ne semble pas présenter des difficultés insurmontables. L'importance croissante des provinces d'Assam et de Cachar, les résultats de quelques tentatives individuelles pour traverser le territoire qui sépare ces contrées, et les développements rapides de la colonie française de la Cochinchine donnent, d'ailleurs, à la question un grand intérêt d'actualité. Un Anglais s'occupe en ce moment d'organiser une expédition pour explorer le cours supérieur du Yang-tse-Kiang, et se frayer une voie vers l'Inde. Si une autre expédition partait de l'Inde en se combinant avec la première, le succès deviendrait beaucoup plus probable ; et par quelques autres entreprises du même genre, on déterminerait la ligne qu'il serait le plus avantageux d'adopter. Mais il appartiendrait au gouvernement d'exercer son influence sur les tribus sauvages qui entourent Assam, et de vaincre, s'il est possible, le caractère inhospitalier du peuple thibétain, qui ne souffre aucun passage sur son territoire. La province d'Assam est fertile en thé, mais elle manque de travailleurs, et ceux que la nouvelle route ne manquerait pas d'amener de la Chine lui assureraient un haut degré de prospérité.

Sur des restes de tombeaux dans le sud de l'Inde, *par* M. ELLIOT. — Des cairns, ou pierres tumulaires, qui semblent remonter à une haute antiquité et à des races d'hommes éteintes, ont été découverts dans plusieurs localités de l'Inde, notamment sur les monts Neilgherry, et sur le mont Rouge, près de Madras. Les plus ordinaires sont des cercles d'un à deux mètres de diamètre, formés de pierres brutes placées côte à côte. Les fouilles pratiquées sous quelques-uns de ces assemblages de pierres ont fait trouver des poteries grossières, des os calcinés, des colliers

u des grains de colliers en cristal, en laque dorée et en or,
es morceaux de fer profondément oxydé, etc. Sur la côte
u Malabar, des tombes analogues sont creusées à une pe-
te profondeur dans le sol, et recouvertes par une grande
ierre plate. Au milieu d'une de ces chambres, qu'on a vi-
tée, se trouvait un énorme vase en terre cuite, contenant
ne multitude de petits vases qui étaient eux-mêmes rem-
lis d'os calcinés et de sable blanc, avec quelques grains de
olliers. Les poteries étaient ornées de figures représentant,
en ou mal, des éléphants, des tigres, des buffles des ser-
ents, des hommes et des monstres, tels que des oiseaux à
eux têtes, des quadrupèdes à queue de serpent, etc. Dans
e voisinage des tombes, on remarque toujours un édifice
omposé de quatre grandes pierres debout, avec une pierre
late qui forme le toit ; on ignore quelle en était la destina-
ion.

**Sur la formation des détroits longs et pro-
fonds, des gorges étroites, des prairies et des
rivières intermittentes**, *par* M. R. Brown. — Les
fiords ou canaux profonds et étroits n'existent que dans les
hautes latitudes. Ils ont des longueurs de 2 ou 3 milles jusqu'à 100 milles et plus. Leur nature est partout la même,
ce qui paraît indiquer une origine commune. Le détroit de
ervis peut être pris comme type de ces canaux ; il a
0 milles de longueur et sa largeur dépasse rarement
1 mille et demi ; sa profondeur égale presque la hauteur de
es côtés escarpés ; elle est rarement inférieure à 360 mètres, même près des bords. L'auteur conclut que ces canaux profonds ont été creusés par les glaciers. On voit partout dans la Colombie anglaise des marques de l'action des
glaces sur les côtés des fiords. L'existence de prairies ou
plaines sans arbres dans l'intérieur de l'Amérique du Nord

est attribuée par l'auteur à l'absence de pluie dans l'intérieur des continents.

Sur la frontière nord-est de la Turquie et ses habitants, *par* M. W.-G. PALGRAVE. — La région dont parle l'auteur est le district montagneux qui borne la Georgie russe, et qui est parallèle à la chaîne du Caucase. Il l'a parcourue pendant l'été de 1867. Le pays est coupé par des vallées fertiles habitées par des populations nombreuses, qui y sont venues depuis peu d'années et qui présentent les signes de la formation d'une nouvelle nationalité. Il y a cinquante ans, cette partie du monde avait une population très-clair-semée, et renfermait à peine dix ou quinze habitants par mille carré ; à présent, elle est très-peuplée, ses habitants sont un mélange de Turcomans, de Kurdes, de Georgiens et de Circassiens ; quelques-uns ont franchi la frontière pour échapper à la tyrannie oppressive de la Russie, d'autres ont abandonné leur pays par suite de l'anarchie de la Perse.

Sur les Uigurs, *par le professeur* A. VAMBÉRY. — Les Uigurs sont la plus ancienne des tribus turques, et ils habitaient primitivement une partie de la Tartarie chinoise qui est maintenant occupée par une population mélangée de Turcs, de Mongols et de Kalmucks. Ce sont les premiers qui aient écrit la langue turque, et ils ont emprunté leurs caractères aux chrétiens nestoriens qui sont venus dans leur pays dès le ɪᴠ* siècle de notre ère. Les manuscrits de cette langue renferment donc les données les plus anciennes et les plus précieuses pour l'histoire de l'Asie centrale, c'est-à-dire de toute la race turque. Mais ces monuments sont d'une grande rareté ; l'auteur croit avoir recueilli tout ce qui a été découvert de la langue uigure. Un fait intéressant, c'est que es Uigurs avaient une littérature et qu'ils étaient très-amateurs de livres à une époque où notre monde occidental était plongé dans l'ignorance et la barbarie. Le manuscrit le plus précieux qu'il a obtenu porte la date 1069 et a été écrit à Kashgar ; il traite de la morale et de la politique, et forme une sorte de manuel des rois pour gouverner avec justice et succès. Il nous révèle la condition sociale de ce peuple intéressant, et forme, pour ainsi dire, la base des derniers règlements d'après lesquels tous les Turcs sont gouvernés. L'auteur a le dessein de prouver que les Tartares des anciens temps n'étaient pas aussi barbares qu'ils le sont aujourd'hui, et que leur civilisation a précédé celle de l'Occident.

Sur les terrains aurifères du sud de l'Afrique, *par* M. *le* Dr R.-J. Mann. — Un ardent voyageur allemand, Carl Mauch, a trouvé, ou plutôt retrouvé un terrain aurifère étendu au nord de la république de Trans-Vaal, dans l'intérieur de l'Afrique méridionale. Il est arrivé à Natal, en 1864, avec l'intention de traverser le Zambèse et l'Afrique équatoriale jusqu'à la Méditerranée. Comme il explorait le Trans-Vaal dans différentes directions, il rencontra un Anglais, nommé Hartley, fameux chasseur d'éléphants, et il s'arrangea avec lui pour l'accompagner dans une expédition au delà de la rivière de Limpopo. Le but immédiat de M. Hartley et de son compagnon était de chasser l'éléphant à travers la haute région qui forme la ligne de séparation des eaux entre le Limpopo et le Zambèse, qui se trouve, dans cette partie de leur course, entre le 23e et le 16e parallèle. Après avoir tourné les sources du Limpopo, ils sont entrés dans le pays dont Mosilikatze est le chef. La plus haute partie de cette contrée est à 7 000 pieds au-dessus du niveau de la mer, et elle est formée principalement d'un plateau étendu de granit, sur lequel on rencontre une suite de petites collines arrondies. Le 27 juillet 1866, M. Hartley informa son compagnon qu'en suivant un éléphant blessé, il avait trouvé plusieurs trous dans une masse de quartz, où il était évident qu'on avait creusé des mines dans les temps passés. M. Mauch s'arma d'un marteau, et alla examiner ces trous. Après avoir longtemps marché, il aperçut, en traversant un ruisseau, une veine de quartz blanc, de 4 pieds environ d'épaisseur, et dans le voisinage, un trou qui avait évidemment servi de fourneau. Dans un grand nombre d'autres trous semblables, il trouva des fragments de quartz imprégnés d'or. Deux jours après, MM. Hartley et Mauch visitèrent de nouveau la place ensemble, et étendirent leurs recherches. Les trous étaient répartis sur une étendue de deux milles de longueur et d'un mille et un quart de largeur. Ils continuèrent leur route dans la direction du nord-est, et ils arrivèrent à un point éloigné de 160 milles de l'établissement portugais de Tété. Ils y découvrirent un second gisement d'or très-riche. Ils en ont rapporté des échantillons de quartz contenant de l'or très-fin. Ils ont extrait de l'un de ces échantillons la valeur de 200 dollars du précieux métal.

Sur les races nomades de la Russie d'Europe, *par* M. H.-H. HOWARTH.

Sur les rivières de Victoria et d'Albert, dans le nord de l'Australie, *par* M. T. BAINES.

Sur la topographie du Vésuve, avec un compte rendu de la dernière éruption, *par* M. J.-L. LOBLEY.

Sur les Indiens Tenelches de la Patagonie, *par* M. T.-J. HUTCHINSON.

Description de Hong Kong, *par* M. G. SHARP.

Sur un nouveau mode d'estime à la mer proposé à l'Amirauté, par M. Seely, compte rendu demandé par le comité de la marine de la Chambre des Communes, *par* M. F.-P. Fellows.

Court exposé des progrès récents et de l'état actuel des recherches statistiques sur les accidents en mer, *par* M. H. Jeula.

Sur les progrès des Sociétés savantes, comme preuve de l'avancement des sciences dans le Royaume-Uni, pendant les 30 dernières années, *par* M. *le professeur* Leone Levi. — Le professeur Levi appelle l'attention sur le nombre, la répartition et les progrès de nos sociétés savantes comme indication certaine de l'avancement des sciences. Voici quelques-unes des conclusions qu'il tire de son exposé : 1° Pendant les trente dernières années, il y a eu une grande augmentation dans le nombre des sociétés savantes et le nombre de leurs membres, ce qui est une preuve évidente du progrès des sciences. 2° Le nombre des membres des différentes sociétés savantes a augmenté en moyenne dans la proportion de 172 pour cent. 3° Il y a à présent dans le Royaume-Uni plus de cent vingt sociétés savantes ayant ensemble plus de soixante mille membres.

Sur le drainage artériel de Norfolk, *par* Sir W. JONES.

Sur le drainage des marais de Norfolk, *par* M. W.-D. HARDING.

Sur la condition du laboureur, spécialement dans l'ouest de l'Angleterre, *par le Rév.* CANON GIRSLESTONE.

Sur les résultats moraux et pécuniaires du travail des prisons, *par* Sir JOHN BOWRING.

Sur la condition sociale des classes ouvrières, *par* M. S.-F. CORRANCE.

Rapport du comité sur l'uniformité des monnaies, des poids et des mesures.

Sur l'état présent de la question des monnaies internationales, *par* M. *le professeur* LEONE LEVI. — Le savant professeur pense que la pièce d'or de dix francs, avec une unité de 100 francs pour les plus grandes opérations financières, est la meilleure unité qu'on puisse présenter pour toutes les nations.

Sur les perfectionnements récents de la culture dans le Norfolk, *par* M. C.-S. READ.

Statistique des progrès et de la cessation

de la peste des bestiaux dans le Norfolk, *par* M. W. SMITH.

Sur les dotations pour l'éducation, *par* M. J.-G. FITCH.

Sur quelques différences supposées entre les esprits des hommes et des femmes, par rapport aux besoins de l'éducation, *par* Miss BECKER.

Sur la relation entre recevoir et donner des leçons, *par* M. J. PAYNE.

Quelques statistiques relatives au service civil, *par* M. H. MANN.

Sur l'état sanitaire des Indiens dans l'établissement de la compagnie de la nouvelle Angleterre à Kanyageh, Canada, *par* M. J. HEYWOOD.

Sur les progrès de la Turquie, *par* M. *le* Dʳ HYDE CLARKE.

Sur l'influence de l'occupation sur la santé, *par* M. F.-G.-P. NEISON.

Sur la statistique de la consomption pulmonaire dans 623 districts de l'Angleterre et du pays de Galle, *par* M. le Dʳ CRISP. — Ainsi que le remarque l'auteur, le sujet de son mémoire intéresse vivement la santé, le bonheur et la longévité de la race humaine ; il mérite d'autant plus d'attirer une attention sérieuse que la consomption pulmonaire est en progrès, et se joue des mesures préventives qu'on tente de lui opposer, en Angleterre aussi bien qu'ailleurs. Elle marche avec la civilisation, elle se développe sous l'influence des habitudes artificielles, des impuretés de l'air qui résultent du tassement des populations des grandes villes, etc. Nous ne citerons pas les chiffres de l'auteur, qui sont un peu confus; mais ils attestent des différences considérables dans les ravages de la maladie, suivant les circonstances locales. Les localités favorisées sont les contrées agricoles, principalement celles où l'air est sec, quelles que soient d'ailleurs la température, la douceur ou la rigueur du climat. Parmi les stations navales les plus remarquables pour les poitrines délicates, l'auteur indique celles de la côte occidentale d'Afrique et de la Méditerranée.

Sur l'influence du monopole des patentes sur l'encouragement, le perfectionnement et le progrès des sciences, arts et manufactures, *par* M. H. Dircks.

Sur les inventeurs et les inventions, *par* M. G.-B. Galloway.

Sur la classification du travail, *par* M. F. Wilson.

Sur l'étendue de l'action des maladies contagieuses, *par* M. H.-J. Ker Porter.

—

Rapport du comité de construction des vaisseaux à vapeur sur la connexion probable entre la résistance des navires et la profondeur moyenne de leur immersion, *par* M. Macquorn Rankine. **Mémoire sur le même sujet,** *par* M. C.-W. Merrifield. — M. Rankine a exposé les lois mathématiques de la résistance qu'ont à vaincre les navires, et il donne une formule pour calculer le volume de la perturbation causée par le passage d'un corps à travers l'eau avec une vitesse plus grande que la vitesse naturelle des vagues. Il a joint à cette exposition le résultat d'observations qu'il a faites sur trois navires à vapeur marchant avec des vitesses différentes.

M. Merrifield propose un moyen purement expérimental d'obtenir la force de propulsion des navires dans les circonstances quelconques données. Voici en quoi il consisterait. Un navire de grandes dimensions marcherait d'abord, sous l'action de sa vapeur, avec une vitesse qui serait mesurée quand le mouvement serait devenu uniforme. Le même navire serait ensuite remorqué par une corde à laquelle on appliquerait la force de traction nécessaire pour produire la même vitesse. Cette dernière force, qu'il serait facile de mesurer exactement, représenterait la force de propulsion considérée, ou la résistance de l'eau. Il suffirait donc de répéter l'expérience en faisant varier la vitesse, ou la profondeur d'immersion, ou telles autres circonstances qu'on peut supposer variables, pour obtenir la loi des résistances relative à ces diverses circonstances. Mais de telles expériences ne sont pas généralement au pouvoir des particuliers, et c'est au gouvernement qu'il appartiendrait de les entreprendre.

Description d'un foyer à ventilation, avec des expériences sur son pouvoir échauffant, comparé à celui des foyers ordinaires, *par le capitaine* D. GALTON. — Au moyen d'une disposition très-simple, décrite par l'auteur, mais qui ne serait pas intelligible sans figures, les pièces sont chauffées par un foyer ouvert d'une forme ordinaire, tandis que la chaleur, qui serait perdue en passant par la cheminée, est employée à chauffer un courant d'air frais venant du dehors, et destiné à renouveler l'air de la pièce. L'auteur dit que ce système a maintenant reçu une application très-étendue dans les casernes, et que son introduction a été accompagnée d'un bienfait marqué pour la santé et le bien-être des troupes. Plus de cinq mille foyers ont été établis dans différents lieux, et sont maintenant employés, c'est un fait acquis et non plus seulement une expérience. Le fourneau n'est pas dispendieux, et la disposition peut être adoptée à tous les bâtiments existants.

Rapport du comité sur les instruments d'agriculture.

Sur la distribution des eaux et le drainage dans l'est du comté de Norfolk, *par* M. R.-B. GRANTHAM. — L'auteur donne une description détaillée des lacs intérieurs qui sont une des particularités de la partie est du comté, et il ajoute que par un drainage perfectionné et par d'autres ouvrages on peut améliorer les terres, les ports et la navigation.

Sur les progrès récents de la fabrication de l'acier, *par* M. F. KOHN. — Dans la réunion de Dundee, l'auteur avait appelé l'attention sur un procédé de fabrication de l'acier, sur le foyer ouvert d'un fourneau de Siemens, par la réaction mutuelle du fer forgé sur la fonte; procédé qui commence à se propager sur le continent, mais qui n'est pas encore entré dans la pratique commerciale de ce pays. Ce procédé, qui a été appelé procédé Martin par ses inventeurs, MM. E. et P. Martin, de Paris, doit en toute justice recevoir le nom de procédé Siemens-Martin, parce qu'il doit son succès aux fourneaux de M. Siemens. L'auteur ne craint pas pour le procédé Bessemer la concurrence que pourrait lui faire ce nouveau mode de fabrication de l'acier qui, opérant sur des matériaux bruts différents, ne peut être pour lui qu'un stimulant utile et favoriser le développement de la fabrication de l'acier en général.

Sur les moyens employés dans le moyen age pour la distribution de l'eau dans les villes et les habitations, *par* M. *le professeur* WILLIS. — L'auteur établit sa description sur les recherches qu'il a faites relativement aux moyens adoptés par les bénédictins du monastère de Cantorbery, pour leur approvisionnement d'eau.

Sur un mécanisme pour utiliser et régulariser le travail des condamnés, *par* M. C.-J.

Appleby. — L'auteur décrit dans ce mémoire un appareil hydraulique très-ingénieux et très-sûr qui a été appliqué avec un plein succès dans les prisons de Chatham et de Walton.

Rapport sur la loi des patentes.

Sur la forme la plus convenable des projectiles destinés à pénétrer sous l'eau, *par* M. Whitworth.

Sur le fer puddlé, *par* M. C.-W. Siemens.

Sur quelques points relatifs à la fabrication économique du fer, *par* M. J. Jones.

Rapport sur les mesures de sûreté concernant les navires marchands et leurs passagers, *par* M. Edward Belcher. — Le rapporteur signale l'absence de toute réglementation pour le service des navires affectés au transport des émigrants. Il expose combien il serait désirable qu'une ligne de flottaison tracée sur les flancs du navire fixât une limite au chargement ; que le pont ne fût pas encombré au delà de certaines limites ; que la machine à vapeur fût abritée contre les éclaboussures de l'eau par les coups de mer ; qu'enfin les navires fussent pourvus d'un plus grand nombre de canots et d'appareils de sauvetage.

Chemin de fer auxiliaire pour les barrières et les grandes routes qui traversent les villes, *par* M. W. Thobald.

Sur les chemins de fer américains dans les rues de Londres, *par* M. H. Bright. — L'auteur dit que les omnibus de Londres sont notoirement mal administrés ; et quand on pense que six cents omnibus transportent en moyenne vingt-trois mille voyageurs, la question devient importante. Un système judicieux de chemins de fer américains pourrait être très-utile et avoir un grand succès à Londres.

Système perfectionné d'arrosage des rues et des routes, *par* M. W.-J. Cooper.

Sur la dynamite, préparation nouvelle de la nitro-glycérine comme agent explosif, *par* M. A. Nobel. — M. Nobel a trouvé le moyen d'enlever à la nitro-glycérine ses propriétés dangereuses, tout en lui conservant intégralement ses propriétés utiles comme agent explosif. A cet effet, il la mélange simplement avec un corps neutre, qui est de la silice pulvérisée. Ce mélange, auquel il a donné le nom de dynamite, est formé de 75 pour cent de nitro-glycérine, et de 25 de silice. D'après des expériences publiques qui ont eu lieu à Glascow, à Mersthram et à Stockholm, la dynamite ne fait explosion ni par la chaleur, ni par la percussion, lorsque ces deux causes agissent séparément, mais elle éclate, avec toute la violence qui est propre à la nitro-glycérine, quand la chaleur s'unit à la percussion. Quatre kilogrammes de dynamite (équivalents à 80 kilog. de poudre à canon) ayant été placés sur le feu, la nitro-glycérine s'est dissipée graduellement et sans bruit. Un poids de 100 kilog., tombant d'une hauteur de 7 mètres sur une certaine quantité de dynamite, n'a produit d'autre résultat que de l'écraser ; cette dernière expérience est relatée par le journal suédois *Afton Aladît*, du mois d'août dernier. La force explosive a été prouvée par ce fait que 170 grammes de dynamite ont fait voler en éclats un cylindre massif de fer forgé, ayant 30 centimètres de hauteur et autant de diamètre. Le cylindre était traversé par un canal étroit où la matière fut introduite, et qu'on laissa ouvert par les deux bouts ; s'il avâit été fermé par des tampons, l'énergie de l'explosion eût été encore beaucoup plus grande. Cette expérience fut faite à Mersthram. Quant à la manière de produire l'explosion, elle consiste dans l'emploi de capsules ordinaire.

Tandis que la nitro-glycérine est habituellement un liquide visqueux, la dynamite forme une masse compacte, et bien que la puissance mécanique y soit moins concentrée, cet état de compacité lui donne de grands avantages sur la matière liquide. La dynamite, en effet, peut être introduite directement dans le trou de mine, et en remplir totalement la capacité. Il n'est pas nécessaire de la renfermer, comme la nitro-glycérine, dans des cartouches qui occupent par elles-mêmes un certain espace et laissent toujours des vides autour d'elles ; qui ont, en outre, l'inconvénient beaucoup plus grave de ne pas s'opposer parfaitement au coulage, et de devenir ainsi trop souvent funestes au mineur, la plus légère pression du tampon sur la matière sortie de l'enveloppe pouvant déterminer une explosion prématurée. On connaît d'ailleurs les nombreux dangers inhérents aux transports et à toutes les manipulations de la nitro-glycérine. Tout récemment une commission militaire prussienne a exprimé la conviction, dans un rapport sur ce sujet, que la dynamite est, de tous les agents explosifs, celui qui concilie le mieux la sécurité avec l'économie et l'importance des effets utiles. Au point de vue économique, M. Nobel estime que la dynamite l'emporte notablement sur le coton-poudre, même tel qu'il vient d'être perfectionné par le professeur Abel. Dans la plupart des traités de chimie anglais, il est dit que la nitro-glycérine se décompose spontanément, en déposant graduellement de l'acide oxalique. Le fait peut être vrai pour celle qu'on prépare dans les labora-

toires où les chimistes n'ont pas à leur disposition les
moyens de neutraliser parfaitement l'acide nitrique qui
reste adhérent à la substance et en détermine peu à peu la
décomposition. Mais par l'emploi d'appareils convenables
usités dans les grandes usines, on obvie à cet inconvénient.
La pratique en est d'ailleurs facile ; en moins d'une heure
on neutralise une tonne de nitro-glycérine. En outre, une
petite portion de la production de chaque jour est mise de
côté pour être soumise à de fréquents examens. M. Nobel
est attaché à des établissements où cette règle est en vigueur
depuis dix-huit mois, et il ne s'est pas encore présenté un
cas de décomposition.

Sur l'insuffisance des enquêtes faites par les coroners à la suite des explosions des chaudières à vapeur, *par* M. L.-E. FLETCHER. — Il
paraît que depuis le commencement de 1835 jusqu'au
31 mai dernier, il y a eu dans différentes parties du
royaume jusqu'à 464 explosions dans lesquelles 789 personnes ont été tuées et 924 blessées ; et encore ce n'est pas
tout, car les rapports des premières années ne sont pas
complets. On peut dire qu'il y a, en moyenne, 50 explosions de chaudières par an, dans lesquelles 70 personnes
perdent la vie. L'auteur propose, pour mettre un terme à
ces désastres, un système qu'il considère comme bien supérieur à celui de toute inspection ordonnée par le gouvernement.

Ces catastrophes sont encore très-souvent attribuées à des
causes mystérieuses ou indéterminées, contre lesquelles la
science serait impuissante. L'enquête a démontré que les
causes réelles sont facilement déterminables, et qu'on évi-
terait toute espèce d'accident par l'emploi des précautions
les plus simples. Beaucoup d'explosions provenaient de l'em-

ploi de chaudières usées, tellement corrodées au dehors et au dedans que les parois n'avaient plus que l'épaisseur d'une feuille de papier ; d'autres, de l'aplatissement des tubes exposés à la flamme, parce qu'ils n'étaient pas encerclés ou rivés solidement ; ou bien d'une mauvaise fermeture du trou de l'homme ; ou d'un défaut de surveillance relativement au fonctionnement des soupapes, de l'appareil alimentateur de la chaudière, etc. En résumé, le mal a pour cause la *négligence*, et pour remède la *vigilance*.

La plupart des enquêtes officielles qui sont faites à l'occasion de pareils événements aboutissent uniformément à la conclusion que la cause est accidentelle, et que personne n'en est responsable. Le rapporteur exprime le vœu qu'à l'avenir les coroners soient accompagnés d'hommes spéciaux capables de reconnaître les causes particulières de chaque explosion, et que les résultats de leurs examens reçoivent toute la publicité dont ils seront susceptibles.

Sur l'irrigation de la Lombardie supérieure par de nouveaux canaux qui seront dérivés du lac de Lugano et du lac Majeur, *par* M. P. Le Never Foster, *jun.* — Les frais du projet qui doit profiter à 400 communes sont estimés à 56 250 000 fr. Les travaux devront être commencés dans le courant de l'automne.

Sur la puissance de corrosion et de transport des eaux, *par* M. T. Login.

Sur la substitution de la main à l'épaule dans la manœuvre du canon, démontrée par une exposition explicative de cette manœuvre sur le canon se chargeant par la culasse, *par* M. E. Charlesworth.

Sur une pompe centrifuge perfectionnée, *par* M. J.-H. Gwynne.

Sur l'utilité d'une base uniforme pour mesurer la grosseur des fils, *par* M. L. Clark.

Perfectionnement dans le chargement des navires, des bateaux sauveteurs et des pontons, *par* M. G. Fawcus.

DE L'ACTION CHIMIQUE DIRECTE ET INVERSE.

LEÇON DU SOIR, A NORWICH, PAR M. ODLING.

—

Si on laisse tomber un poids du plafond d'une chambre, il descend rapidement jusqu'au plancher. A quelque hauteur qu'on le suspende, il n'a besoin d'aucune pression pour effectuer ce mouvement. Tout ce qui lui est nécessaire, c'est de n'être plus maintenu, de n'avoir plus d'appui : il tombe de lui-même. Il possède, selon toute apparence, une tendance innée à tomber, et cette tendance se manifeste aussitôt que l'occasion lui en est offerte. Une fois en contact avec le plancher, ce poids y reste. Il n'a aucune tendance innée à remonter vers le plafond. Pour y retourner, il faut qu'il soit soulevé par l'effort d'un individu quelconque, par le déploiement d'une certaine quantité de force : c'est ainsi que le poids des anciennes horloges, telles qu'on en voit encore aujourd'hui dans les campagnes, doit être remonté par une force quelconque, tandis qu'il descend de lui-même.

A les considérer comme un système de corps, on voit qu'il existe entre le poids suspendu et le plancher une certaine tendance ou une certaine faculté d'aller l'un vers l'autre, tandis qu'il n'existe rien de semblable entre le poids tombé et le plancher. Le poids suspendu et le plancher constituent un système mobile ou inconstant entre les éléments constitutifs duquel il peut y avoir un mouvement de rapprochement. Le poids tombé et le plancher constituent un système stable ou immobile entre les éléments constitutifs duquel le plus grand degré de rapprochement est déjà effectué.

La grande majorité des actions chimiques sur lesquelles l'attention des chimistes s'est principalement arrêtée peuvent être comparées à l'action mécanique de tomber, et à d'autres actions analogues par lesquelles une force ou puissance latente est mise en action ou dépensée. Elles peuvent être comparées, en d'autres termes, au poids qui tombe et non à celui qui remonte. Contentez-vous de placer les réactifs chimiques dans des conditions où ils puissent agir l'un sur l'autre, donnez-leur seulement l'occasion d'exercer cette action, et ils agiront d'eux-mêmes sans avoir besoin de l'intervention d'une force motrice ou d'un agent extérieur. Selon toute apparence, ils forment, en vertu de leurs tendances innées, de nouvelles combinaisons, qui, dans les conditions de l'expérience, sont plus stables que les combinaisons primitives. De même que, dans l'exemple mécanique que nous avons pris, la production d'un système plus stable est accompagnée d'une dépense de mouvement et manifestée par cette dépense; de même, dans les actions chimiques, la production de composés plus stables est accompagnée d'une dépense de ce mouvement interstitiel que nous appelons chaleur et manifestée aussi par ce mouvement.

Je vais expliquer plus clairement ma pensée par une expérience très-simple et bien connue. J'ai placé dans un de ces tubes un morceau d'une substance chimique très-active, le phosphore, et dans l'autre un peu d'iode, corps doué aussi d'une activité considérable. Lorsqu'on les met en contact, ils réagissent rapidement l'un sur l'autre pour produire une troisième substance connue sous le nom d'iodure de phosphore, et la réaction se manifeste à nos yeux par un dégagement évident de lumière et de chaleur. Ainsi, de même qu'il y a entre ce poids suspendu et le plancher une faculté d'aller l'un vers l'autre, il y a entre le phosphore et l'iode une faculté de brûler ensemble; et, de même que la dépense de mouvement, dans le premier cas, démontre le passage d'un système mécanique moins stable à un système mécanique plus stable, la dépense de chaleur, dans le second cas, démontre également le passage d'un système chimique moins stable à un système chimique plus stable. Nous commençons par des corps très-actifs, le phosphore et l'iode; nous terminons par un corps relativement stable et inactif, l'iodure de phosphore, et le changement s'accompagne d'un dégagement de chaleur.

Laissez-moi vous donner encore un exemple de ce fait. J'ai ici une feuille de zinc qui va se trouver d'abord en contact avec l'oxygène de l'air, puis avec un courant d'oxygène s'échappant de ce tube. Le zinc et l'oxygène, comme le phosphore et l'iode, ont la propriété de brûler ensemble; et cependant ils ne brûlent pas encore. Pour qu'ils puissent s'enflammer, il faut que j'élève la température de l'un ou de l'autre de ces corps dans des proportions fort considérables, ne fût-ce que pendant quelques minutes. Tant que le combustible ne brûle pas, on peut comparer le zinc au poids suspendu par un fil. Dans le premier cas, au moment où l'on coupe le fil, afin de créer une condition nécessaire à la production du phénomène, le poids se précipite vers le plancher; dans le second cas, au moment où l'on approche une lampe à esprit-de-vin afin de créer ici encore une condition nécessaire, le zinc prend feu dans l'oxygène et brûle de lui-même avec un très-grand éclat. Il n'entre pas dans mon sujet d'examiner ce soir les conditions de l'action chimique ; je dois me contenter de vous faire remarquer que le résultat de l'action qui s'est opérée sous vos yeux, c'est la conversion du zinc et de l'oxygène, tous deux très-peu stables, en un corps très-stable, je veux dire l'oxyde de zinc, qui flotte en ce moment dans la salle à l'état de vapeur et dont la formation s'est accompagnée d'un dégagement manifeste de lumière et de chaleur.

Ces réactions chimiques de l'iode sur le phosphore et de l'oxygène sur le zinc, qui s'effectuent d'elles-mêmes au milieu de conditions convenables, qui aboutissent à la formation de corps plus stables, et s'accompagnent d'un dégagement ou d'une dépense de chaleur ; ces réactions, dis-je, ont reçu le nom d'actions chimiques directes. De même que nous pourrions citer comme exemple d'une action mécanique directe le fait du poids qui tombe, ou, ce qui revient au même, la marche d'une pendule, qui s'effectue d'elle-même et d'une façon tout à fait analogue, quand elle se trouve dans des conditions favorables, et qui s'accompagne également d'une dépense de mouvement.

Les changements que nous venons d'étudier, — c'est-à-dire ceux des deux substances chimiques, le phosphore et l'iode, en une seule substance chimique, l'iodure de phosphore, et des deux substances chimiques, le zinc et l'oxygène, en la seule substance chimique, l'oxyde de zinc, — ces changements nous fournissent deux exemples d'un genre particulier d'action chimique que nous connaissons sous le nom de combinaison chimique. Mais ce serait une très-grande erreur que de limiter l'idée de l'action chimique directe à celle de la combinaison chimique, car elle comprend au même titre ce qu'on appelle la décomposition chimique. Par exemple, sur ce morceau de papier à filtrer se trouve placée une petite quantité d'iodure d'azote, substance analogue, quant à sa composition, à l'iodure de phosphore que nous avons produit il y a quelques instants, mais très-dissemblable sous le rapport de ses propriétés. En effet, tandis que l'iode et le phosphore ont une tendance à se combiner, l'iode et l'azote, déjà combinés dans l'iodure d'azote, ont une tendance à se séparer; de sorte qu'en touchant ce dernier corps, ne fût-ce qu'avec une plume, on provoque une décomposition bruyante : il se dédouble en ses éléments constitutifs, et cette décomposition s'accompagne d'un dégagement de lumière et de chaleur. En comparant les deux expériences, nous voyons que, dans le premier cas, nous commencions avec des éléments constitutifs très-peu stables, le phosphore et l'iode, et nous finissions par le composé relativement stable, l'iodure de phosphore. Dans le second cas, nous partons d'un composé dépourvu de stabilité, l'iodure d'azote, et nous obtenons des éléments constitutifs relativement stables, l'azote et l'iode. La combinaison dans le premier cas, comme la décomposition dans le second, s'accompagnent également d'une dépense de chaleur.

Comme l'inverse de l'expérience où la combinaison du zinc et de l'oxygène ne s'est effectuée qu'après l'application momentanée d'une flamme, je puis vous rappeler la décomposition du coton-poudre, produite également par l'application momentanée d'une flamme. Indépendamment de tout rapport avec l'air ou l'oxygène, une masse volumineuse de coton-poudre, dès qu'elle est touchée par la flamme d'une bougie, se décompose à l'instant en un mélange complexe de gaz invisibles; et la décomposition du coton-poudre, comme la production de l'oxyde de zinc, s'accompagne d'un dégagement considérable de chaleur.

Nous pouvons facilement trouver l'analogue de ces décompositions chimiques dans certaines actions mécaniques, par exemple, la décharge d'un fusil à vent. La balle et la culasse de l'arme se trouvent là dans un rapport mécanique forcé ; les éléments constitutifs de corps aussi peu stables que l'iodure d'azote et le coton-poudre se trouvent également vis-à-vis l'un de l'autre dans un rapport chimique forcé. Dans chacun des cas, l'établissement d'un système mécanique ou chimique plus stable nécessite un éloignement ou une séparation, au lieu d'un rapprochement ou d'une combinaison, comme dans nos premiers exemples, de changements moléculaires. Entre la balle et le fusil à vent il existe un mouvement potentiel d'éloignement, dont la production démontre qu'ils ont pris, l'un vis-à-vis de l'autre, des rapports mécaniques plus stables ; de même entre l'azote et l'iode de l'iodure d'azote, et entre les éléments constitutifs du coton-poudre, il existe aussi une chaleur potentielle de décomposition, dont le dégagement démontre qu'ils ont pris des rapports mutuels plus stables. C'est la production de chaleur qui forme le critérium de l'action chimique directe, de la transformation de corps moins stables en corps plus stables, que cette transformation soit un fait de combinaison ou de décomposition, qu'elle ait lieu spontanément, ou seulement par suite d'une élévation de température. Dans la dynamique de la chimie, nous ne faisons aucune distinction entre la combinaison et la décomposition ; nous considérons seulement la stabilité relative des corps primitifs et des corps secondaires : la preuve de la stabilité plus grande des corps secondaires se trouve dans le fait même de la production de chaleur, et la mesure de leur stabilité est fournie par le degré de chaleur dépensée pour leur formation.

Comment alors peut-on apprécier le degré de chaleur

dégagée dans la formation d'un corps ? Comment peut-on, en général, établir une balance entre divers degrés ou différentes quantités de chaleur ? Il est évident que la simple observation des températures, sans tenir compte de la nature diverse et de la quantité variable des substances qui manifestent ces températures, ne nous fournira pas les renseignements dont nous avons besoin. Voici un barreau de cuivre massif suspendu dans une cuve d'eau bouillante, et qui se trouve, par conséquent, à la température de cette eau, c'est-à-dire à 100 degrés centigrades; d'un autre côté, j'ai ici une petite boule de platine maintenue au rouge vif par la flamme d'un brûleur de Bunsen. Il est évident que le platine est beaucoup plus chaud que le cuivre, ou, en d'autres termes, que la température du platine est beaucoup plus élevée que celle du cuivre : mais lequel des deux métaux possède la plus grande quantité de calorique ? Je laisse tomber la boule de platine chauffée au rouge vif dans un verre d'eau, et, par ce fait, j'établis sur-le-champ un équilibre de température entre la boule de platine et l'eau : l'excès de chaleur donné à l'eau par le platine est si faible, qu'il n'élève pas assez la température de l'eau pour affecter ce grossier thermomètre à air dont je me sers en ce moment. Je retire la boule de platine ; à sa place, je plonge dans l'eau le barreau de cuivre dont le volume est plus considérable, mais qui est beaucoup moins chaud. Dans ce cas aussi l'équilibre de température s'établit rapidement entre le métal et l'eau du verre ; mais, cette fois, l'excès de température communiqué à l'eau par le barreau de cuivre suffit pour élever la température de cette eau à un point tel qu'en y introduisant notre même thermomètre à air, le liquide coloré de la boule monte à l'instant jusqu'au sommet de l'échelle, nous démontrant ainsi d'une manière bien claire que le cuivre, tout en présentant une température moindre que celle du platine, a

communiqué à l'eau une quantité bien plus considérable
de chaleur. Voilà le principe dont on se sert pour la mesure
du calorique, je veux dire l'observation de la température
qu'un corps chauffé peut communiquer à une quantité
d'eau. Pour établir un terme défini de comparaison, on
prend comme unité ou *calorie* la quantité de chaleur nécessaire pour élever la température de 1 kilogramme d'eau
de 1 degré centigrade.

Par unité de chaleur, j'entends donc la quantité de chaleur nécessaire pour élever de 0 degré à 1 degré centigrade
la température de l'eau renfermée dans cette mesure d'un
litre. Par conséquent, tout ce qui est nécessaire pour évaluer la quantité de chaleur produite par une action chimique particulière, c'est de laisser cette action s'accomplir
dans des circonstances telles, que la totalité de la chaleur
dégagée soit absorbée par une quantité connue d'eau, et de
noter alors l'élévation de température subie par cette eau.
Dans cette petite tasse, par exemple, se trouve un mélange
de chlorate de potasse (sel éminemment oxydable) et de
poudre de charbon ; si l'on met le feu à ce mélange, il brûle
en donnant une quantité d'étincelles, comme le feraient des
pétards. Pour connaître la quantité de calorique produite
par cette combustion particulière, je place la tasse avec le
mélange dans une sorte de petite cloche à plongeur ; puis,
au lieu d'expérimenter en plein air, j'immerge la cloche avec
son contenu dans ce cylindre de verre, et je laisse brûler le
mélange à une grande profondeur sous l'eau. Les produits
gazeux de la combustion, en bouillonnant à travers l'eau
pour monter jusqu'à la surface, se refroidissent complètement. Lorsque la combustion est terminée, je laisse pénétrer un peu d'eau sous la cloche, j'agite le tout pendant
quelques secondes, et, en observant au moyen d'un thermomètre quelle augmentation de température a subie l'eau

du cylindre, j'apprends que la chaleur de cette combustion particulière a suffi pour élever de tant de degrés la température de tel volume d'eau.

Au moyen d'instruments analogues à celui-ci quant à leur principe, mais d'une délicatesse et d'une exactitude bien plus grandes, on a pu déterminer la quantité de chaleur produite par un nombre considérable de changements chimiques, ce qui a conduit à ce résultat général, que la quantité de chaleur produite par toute action chimique particulière est parfaitement définie et substantiellement invariable. Vous vous rappelez l'expérience que nous avons faite relativement à la combustion du zinc dans l'oxygène. On trouve que, chaque fois que 65 gr. de zinc se combinent avec 16 gr. d'oxygène pour former 81 gr. d'oxyde de zinc, la chaleur dégagée dans l'opération s'élève à 86 calories, ou, en d'autres termes, représente la quantité nécessaire pour élever la température de 86 kilogrammes d'eau de 0 à 1 degré. De même, dans la combustion de l'hydrogène, sur laquelle je vais bientôt appeler toute votre attention, chaque fois que 2 grammes d'hydrogène se combinent à 16 grammes d'oxygène pour produire 18 grammes d'eau, il y a dégagement de 68 calories. Cependant, bien que la quantité de chaleur soit substantiellement invariable, la température produite par un changement chimique particulier varie dans les limites les plus étendues et dépend surtout de la rapidité du changement chimique, et de la quantité, aussi bien que de la nature, de la matière à laquelle la chaleur se communique. Par exemple, j'ai ici un mélange d'oxygène et d'hydrogène, lequels, sous l'influence d'une boule de terre glaise platinisée, se combineront graduellement pour produire un volume inappréciable d'eau. Cette action s'opère au moment même où je parle, et la condensation de ce mélange de gaz se manifeste à vos yeux par l'élévation graduelle du mercure renfermé dans le tube. Dans cette expérience, la vitesse de la combinaison est si faible, la quantité d'oxygène et d'hydrogène qui se combine dans le laps d'un instant est si petite, que la chaleur se dissipe presque en même temps qu'elle se dégage, en sorte que la température de la boule de terre glaise ne s'élève jamais d'une manière appréciable.

Mais voici une autre expérience dans laquelle la combinaison de l'oxygène et de l'hydrogène se fait plus vite, — bien que ce soit encore avec une très-grande lenteur, — sous l'influence d'une feuille de platine. Vous voyez qu'ici la chaleur produite par la combinaison se dégage avec assez de rapidité pour maintenir le platine à la température rouge brun. Cette coloration rouge de la feuille de platine montre qu'elle atteint un degré de chaleur assez élevé ; elle n'est cependant pas encore extrêmement chaude, puisqu'elle est incapable d'enflammer le gaz carboné qui l'entoure.

Mais si je m'arrange de façon que l'hydrogène et l'oxygène entrent en combinaison avec une grande rapidité ; si, par exemple, je les fais brûler ensemble au chalumeau, j'obtiens une des températures les plus élevées qu'on puisse atteindre à l'aide d'aucun moyen chimique. Vous voyez qu'un morceau de chaux placé dans cette flamme brille d'une lumière blanche intense (la lumière dite oxyhydrogène), qu'un morceau de platine, métal si éminemment réfractaire, et que jadis on croyait infusible, s'y fond à l'instant ; qu'une feuille épaisse de fer laminé se creuse et se troue partout où la flamme l'atteint, et qu'un bouton de zinc se fond et bout même sous l'influence de cette température, tandis que sa vapeur, prenant feu, brûle dans l'air avec un éclat éblouissant.

L'élévation de température produite par cette combustion varie donc avec la quantité de combinaison effectuée dans un temps donné, et cette variation peut s'étendre, comme nous l'avons vu, depuis une chaleur à peine appréciable, jusqu'au point où le platine entre en fusion. Mais, que la combinaison s'effectue rapidement ou lentement, que la température produite soit haute ou basse, pour chaque quantité de 18 grammes de mélange gazeux transformée en eau, on trouve juste 68 calories dégagées, ni plus ni moins.

Comme l'indique la raison et comme l'ont démontré les expériences, il en résulte que, pour défaire ou renverser une action chimique, il faut apporter exactement autant de chaleur qu'il en a été dépensé dans l'action primitive ; ainsi, puisqu'il se dégage 68 calories dans la combustion de 2 grammes d'hydrogène avec 16 grammes d'oxygène, la *décombustion* de cette quantité d'hydrogène, ou le renversement de l'action chimique que nous venons d'étudier ne doit s'effectuer qu'à la condition de retrouver d'une manière ou d'une autre les 68 calories perdues. Cette décombustion de l'hydrogène peut donc être prise comme exemple de ce qu'on entend par une action chimique inverse. C'est une action chimique qui ne s'opère pas d'elle-même, comme la chute du poids descendant du plafond au plancher ; au contraire, comme le mouvement du poids qu'on fait remonter du plancher au plafond, c'est une action qui ne peut s'effectuer que sous l'influence d'une force extérieure.

Si nous appelons action mécanique directe le mouvement du poids qui descend du plafond au parquet, nous trouverons un exemple de l'action mécanique inverse dans celui du poids qu'on fait remonter du parquet au plafond.

Arrêtons-nous un instant pour examiner les moyens divers à l'aide desquels nous pouvons produire cette action mécanique inverse. Il est d'abord un procédé fort simple qui se présente immédiatement à l'esprit ; c'est de faire intervenir l'action directe ou la chute d'un autre poids plus lourd. Si, au moyen d'une corde et d'une poulie, je réunis notre premier poids à un autre poids plus lourd, retenu en ce moment près du plafond, tandis que l'autre est près du plancher, la chute du poids le plus lourd entraînera l'élévation du poids le plus léger. Une portion de la faculté de tomber que possédait originellement le plus lourd des deux poids se trouve transportée à l'autre, et la force de son mouvement descendant réel sera diminuée par la force de mouvement descendant virtuellement restituée au poids le plus léger.

Nous pouvons de même, par la combustion d'une substance plus riche en calorique, effectuer la décombustion de notre hydrogène. Vous vous rappelez que, dans la combinaison de 16 grammes d'oxygène avec du zinc, il y a dégagement de 86 calories, tandis que la combinaison de la même quantité d'oxygène avec l'hydrogène produit seulement 68 unités de chaleur. Par conséquent, si nous faisons agir du zinc sur de l'eau acidulée, nous obtiendrons, comme chacun le sait, une combustion ou oxydation du zinc, et une décombustion relative ou désoxydation de l'hydrogène. Cette combustion du zinc aux dépens de l'hydrogène est accompagnée d'un dégagement considérable de chaleur, bien que ce dégagement soit moindre que celui qui résulterait de sa simple combinaison avec de l'oxygène. De même que la faculté de tomber d'un poids lourd l'emporte sur la résistance du poids léger qu'on veut soulever, la faculté de brûler du zinc l'emporte sur la résistance qu'offre l'hydrogène à la décombustion. Mais de même que le mouvement descendant du poids lourd est diminué par le mouvement ascendant transmis au plus léger, de même aussi la chaleur dégagée par le zinc qui brûle est diminuée par la faculté de brûler rendue à l'hydrogène.

Voici notre zinc qui se dissout. Au milieu, j'ai placé la

boule d'un thermomètre à air, à l'aide duquel vous pourrez constater que cette combustion du zinc aux dépens de l'hydrogène s'accompagne d'un dégagement manifeste de chaleur. Mais, puisque la combustion de chaque volume de 65 grammes de zinc remet 2 grammes d'hydrogène en liberté, au lieu d'obtenir 86 calories par la combustion de cette quantité de zinc, nous n'obtenons que 86 calories moins 68, c'est-à-dire 18 calories. Les 68 calories qui font défaut constituent la chaleur potentielle de l'hydrogène qui se dégage et que j'enflamme en ce moment. Si l'on ajoute la quantité de chaleur ainsi produite par cette combustion de l'hydrogène à celle que dégage le zinc en se dissolvant et que le thermomètre à air permet d'évaluer, on retrouvera exactement la quantité de chaleur qui se serait dégagée si l'on avait fait brûler le zinc directement dans l'oxygène.

Mais, au lieu d'employer un autre poids plus lourd, je puis aussi effectuer le soulèvement du poids depuis le plancher jusqu'au plafond par ma seule force musculaire ; de même aussi je puis produire la dissociation de l'hydrogène et de l'oxygène de l'eau par ma propre force musculaire sans faire brûler une autre substance plus riche de calorique. En tournant la manivelle d'un appareil composé d'un axe, d'une corde et d'une poulie, je puis faire remonter le poids du plancher au plafond ; en tournant le manche d'un appareil convenable, composé de fer doux et de fil de cuivre, je puis aussi dégager l'oxygène et l'hydrogène de leur état de combinaison. Suivant que je tourne la bobine électrique plus ou moins rapidement ; en d'autres termes, suivant que j'emploie un degré de force musculaire plus ou moins considérable, je produis, aux extrémités des fils, la décomposition d'une masse plus ou moins grande d'eau, et la libération d'une quantité plus ou moins forte de gaz hydrogène et oxygène. Si vous avez présente à l'esprit la corrélation du mouvement et de la chaleur, vous comprendrez facilement que, dans cette expérience, le mouvement réel que pourrait produire mon effort musculaire est diminué par la faculté de brûler ou le quasi-mouvement qui reste aux gaz légers.

Mais l'exemple certainement le plus remarquable de la décomposition de l'eau en ses deux éléments constitutifs, l'oxygène et l'hydrogène, c'est celui qu'un ancien président de cette association, M. Grove, a décrit il y a vingt ans. Ses expériences, que je me propose de reproduire ce soir sous une forme un peu modifiée, ont établi ce fait singulier et tout à fait inattendu, à savoir, que si l'on expose de la vapeur d'eau à une chaleur intense, en la mettant, par exemple, en contact avec une feuille de platine chauffée au blanc, une portion de la vapeur d'eau ainsi chauffée se décompose en absorbant nécessairement une certaine quantité de la chaleur qui lui est directement fournie. Que le platine soit chauffé au moyen d'un courant électrique ou de la flamme oxyhydrogène, cela importe peu, pourvu que sa température soit suffisamment élevée. Mais si l'on a recours au dernier moyen, on constate un fait qui semble une étrange anomalie : la décomposition de l'eau en ses gaz constituants s'effectue par la chaleur qui résulte de la combinaison des deux gaz s'unissant pour former de l'eau. Il n'entre pas dans mon plan de vous expliquer ce soir par quelle série d'idées ingénieuses et d'habiles expériences M. Grove a été conduit à poser cette remarquable conclusion ; mais je crois pouvoir répéter ici ce que j'ai déjà eu occasion de dire, il y a peu de temps, à l'Institution royale, c'est qu'il fallait un observateur des plus sagaces, même pour constater simplement le fait dans l'état où il s'est présenté pour la première fois à son attention, et qu'il fallait un esprit des plus déterminés et des plus ingénieux pour réussir à établir ce fait en face d'un scepticisme qui se déclarait presque ouvertement. Pour que le phénomène pût être accepté comme une action chimique inverse, il fallait d'abord qu'il satisfît à l'idée qu'on pouvait se faire alors d'une action chimique de ce genre. Il appartenait à cette classe incommode de faits qui surgissent parfois dans les différentes branches de la science, et que tout esprit bien constitué se croit en devoir de nier aussi longtemps que possible, quitte à les expliquer plus tard. Mais ce qui arrivera un jour aux faits préhistoriques et embryonnaires de la période actuelle du monde, est arrivé déjà pour ce fait de M. Grove, fait qui compte aujourd'hui vingt ans. Grâce à la manière complète dont il fut observé dans le principe, grâce à la sagacité de ses récents investigateurs, et plus particulièrement de MM. Bunsen et Henri Sainte-Claire-Deville, il a maintenant acquis une base si solide et des proportions si bien définies, que les sceptiques d'autrefois sont aujourd'hui assez magnanimes pour avouer qu'ils l'avaient admis dès le principe ; les plus récalcitrants d'entre eux iraient même, je suppose, jusqu'à confesser qu'ils l'avaient pressenti longtemps avant que M. Grove en eût parlé.

Permettez-moi d'appeler toute votre attention sur l'expérience suivante. Voici un flacon rempli d'eau jusqu'au col ; cette eau bout assez vivement, et il y a déjà plusieurs heures qu'on la fait bouillir ainsi, afin d'en chasser, autant que possible, tout l'air qu'elle contenait primitivement à l'état de dissolution. De ce flacon, la vapeur de l'eau qui a tant bouilli et qui bout encore passe à travers un tube de platine en tout semblable à celui que je tiens à la main ; elle finit par se dégager à l'extrémité de ce tube qui s'ouvre immédiatement sous un cylindre étroit et renversé contenant de l'eau bouillie et placé debout dans un petit récipient pneumatique. Nous allons chauffer, à l'aide du chalumeau à H. Sainte-Claire-Deville, le tube de platine que la vapeur traverse en ce moment, et le porter ainsi à une température immédiatement inférieure au point de fusion. En l'exposant à cette température, une portion de la vapeur contenue à l'intérieur subit la décomposition. La portion non décomposée de la vapeur d'eau, mêlée aux gaz élémentaires résultant de la décomposition d'une autre partie de cette vapeur, s'échappe à l'extrémité libre du tuyau qui plonge sous cette cloche renversée remplie d'eau. Ici l'excès de vapeur se condense, tandis que les gaz non condensables bouillonnent à travers l'eau et viennent s'accumuler au haut de la cloche. Les petites bulles de gaz permanent s'élèvent rapidement à travers l'eau et montent au haut de la cloche. L'auditoire entier pourra voir, je l'espère, le volume de gaz non condensable qui va s'y accumuler et que nous ferons brûler tout à l'heure avec explosion.

Donc, en dehors de notre tube, l'oxygène et l'hydrogène brûlent et se combinent pour former de l'eau, tout en dégageant de la chaleur; tandis qu'à l'intérieur du tube, l'eau *brûle*, se décompose en oxygène et hydrogène, en absorbant une certaine quantité de la chaleur dégagée par la combustion extérieure. Quand nous enflammerons tout à l'heure le mélange des deux gaz, nous ne ferons que ressaisir, comme chaleur provenant de leur combinaison, la chaleur extérieure qui s'était, pour ainsi dire, emmagasinée dans ces gaz au moment de leur séparation.

De même, dans toute autre action chimique qui s'accompagne d'un dégagement de chaleur, ou dans toute action chimique directe, la chaleur dégagée par l'action chimique n'est rien autre chose que cette chaleur particulière qui, directement ou indirectement, à un moment ou à un autre, avait été amenée à l'état potentiel au sein des réactifs par l'effet d'une action chimique inverse précédemment effectuée à

l'aide de quelque force extérieure. En d'autres termes, tou[te]
action chimique directe est la conséquence d'une acti[on]
chimique inverse précédente. C'est, si je puis m'exprim[er]
ainsi, la chute du poids qu'on avait précédemment r[e]
monté.

Etablissant un contraste entre ces deux genres d'action[s]
chimiques, l'action directe et l'action inverse, nous diron[s]
que les actions chimiques inverses ne s'accomplissent pa[s]
d'elles-mêmes, mais sont dues à quelque force extérieure[,]
et s'accompagnent d'un emmagasinage de cette force exté[-]
rieure dans les produits qui en résultent, ou d'une conversio[n]
de forces actuelles en forces potentielles. Les actions chi[-]
miques directes, au contraire, s'accomplissent d'elle[s-]
mêmes, non en vertu d'une tendance innée des réactifs[,]
mais en vertu de quelque force extérieure précédemmen[t]
acquise, et elles sont accompagnées d'une libération d[e]
cette force emprisonnée, ou d'une reconversion de force[s]
potentielles en forces actuelles.

De toutes les actions chimiques directes qui s'opèren[t]
chaque jour autour de nous, la combustion des aliment[s]
dans notre organisme, et celle du charbon ou du bois dan[s]
nos fourneaux sont de beaucoup les plus familières et le[s]
plus importantes. Par notre consommation du charbon e[t]
des aliments, c'est-à-dire par leur combinaison chimiqu[e]
avec l'oxygène de l'atmosphère, nous obtenons, — en parti[e]
sous forme de chaleur, et en partie sous forme de force mo[-]
trice fournie par la vapeur et la puissance musculaire (sui[-]
vant l'objet que nous considérons), — la force qui avait ét[é]
précédemment rendue potentielle, sous une forme ou un[e]
autre, dans un tissu végétal en voie de développement e[t]
dans l'oxygène libéré en même temps. Nous brûlons ensem[-]
ble, nous convertissons en acide carbonique et en eau le[s]
carbohydrogène et l'oxygène qui avaient été précédemment

résunis par la combustion de l'acide carbonique et de l'eau sous l'influence des rayons solaires. En consommant du charbon et du bois dans nos foyers, ou du pain et du vin dans notre estomac, nous ne faisons que mettre en liberté la force emmagasinée par les matières combustibles et alimentaires, à l'époque de leur formation, sous la merveilleuse action chimique inverse du soleil. Sous cette influence, l'eau et l'acide carbonique ont subi une décomposition dans l'organisme du végétal en voie de développement, et ont donné, d'une part, l'hydrogène du tissu végétal, et d'autre part, l'oxygène de l'air. Les produits de cette décomposition ont absorbé dans les rayons solaires juste autant de chaleur qu'ils en reproduiront lorsqu'ils seront brûlés plus tard. Donc, quand le tissu végétal et l'oxygène se combinent de nouveau, dans nos foyers ou dans notre organisme, nous ne faisons que profiter de la chaleur latente des rayons solaires ou de l'équivalent mécanique de cette chaleur emmagasinée depuis des siècles dans chacune de ces matières isolément. (*Traduction de M. John Faure empruntée à la* Revue des cours publics, *de M. Germer-Baillière.*)

CONGRÈS INTERNATIONAL D'ARCHÉOLOGIE PRÉHISTORIQUE.

SESSION DE NORWICH.

Sir John Lubbock, président, inaugure la session par un discours sur la possibilité d'établir une chronologie positive des temps primitifs par la distinction de quatre âges préhistoriques : 1° l'*âge paléolithique*, ou de la pierre taillée ; 2° l'*âge néolithique*, ou de la pierre polie ; 3° l'*âge du bronze* ; 4° l'*âge du fer*.

L'*âge paléolithique* se manifeste par la présence, en France et en Angleterre, d'instruments grossiers de pierre simplement taillés, dans des couches de graviers fluviatiles fort anciennes, où l'on a également découvert des restes très-nombreux d'animaux, comprenant la presque totalité des espèces de l'ancienne Europe, et de plus quelques espèces qui se sont complétement éteintes ou qui ont abandonné ces régions. Tels sont le mammouth, le rhinocéros velu, l'ours des cavernes, le cheval sauvage, le glouton, le bœuf musqué, l'hippopotame, etc.

L'*âge néolithique* est surtout représenté en Suisse et en

Danemark. On y observe des pierres polies et des poteries. L'éléphant, le rhinocéros et le renne ont déjà disparu. Les métaux n'ont pas encore fait leur apparition. En effet, dans les chambres sépulcrales des tumuli, on trouve une centaine d'instruments de silex, sans y rencontrer un seul objet de métal. Dans les *kjœkkenmœddings*, ces amas de coquilles et de rebuts de repas épars sur les côtes du Danemark, on a trouvé des milliers de silex taillés et point de traces de métal. En Suisse, parmi les vestiges des anciennes habitations sur pilotis qui gisent maintenant sous les eaux des lacs, on a pêché par milliers les instruments de pierre, et l'on y a compté jusqu'à quinze cents haches portant des traces d'usure, dont quelques-unes, après avoir été brisées, ont été polies de nouveau pour les faire resservir.

Si l'on passe à l'âge des métaux, et d'abord à l'*âge du bronze*, on trouve dans les tumuli et dans les villages lacustres de la Suisse la preuve qu'il est très-nettement distinct du précédent. En effet, si la connaissance des métaux s'était peu à peu introduite dans ces régions, l'âge du bronze eût été précédé de l'âge du cuivre, puisque le premier de ces métaux est un alliage du second. Or, dans l'Europe occidentale, sur mille instruments de bronze, on en trouverait à peine un de cuivre. On a voulu expliquer la présence de villages lacustres de l'âge de bronze, à côté de villages de l'âge de la pierre, en supposant que les premiers étaient habités par des populations riches et les seconds par des peuples pauvres; mais les instruments de bronze ne dénotent point par leurs destinations une vie opulente, et l'on ne pourrait d'ailleurs concevoir comment ces riches populations n'auraient pas laissé quelques débris de leur industrie métallurgique chez leurs pauvres voisins.

Le peuple de l'âge du bronze était beaucoup plus avancé

que celui de l'âge de la pierre. Les poteries sont plus fines et les ornements plus soignés.

L'*âge du fer* se sépare aussi du précédent par un ensemble de preuves négatives. L'or, l'argent, le plomb, le zinc, que les habitants des Alpes connaissaient à l'époque romaine, sont restés inconnus aux peuples de l'âge du bronze. En raison de ses qualités exceptionnelles, le fer a dû se substituer au bronze dès qu'il a été connu ; on trouve cependant des armes dont la poignée est de bronze, tandis que la lame est de fer, et il y a lieu de croire que le bronze a pu servir à utiliser le fer dès les premiers temps de son introduction.

Terminant cet exposé par quelques exemples numériques, sir Lubbock dit qu'à Wangon, en Suisse, on a trouvé 1 600 objets de pierre et des instruments d'os, sans bronze ni fer ; à Nidau, sur le lac de Neufchâtel, 368 instruments de pierre, parmi lesquels figuraient 33 haches, et 2 004 objets de bronze dont 1 420 étaient des ornements ; à Marin, sur le même lac, quelques hachettes de l'âge de la pierre, quelques ornements de l'âge du bronze, et 250 instruments de fer dont 100 ornements ; à Nydaun, dans le Sleswig, 500 lances, 30 haches, 80 couteaux, 8 épées, le tout de fer sans la moindre trace de bronze.

L'état des races préhistoriques déduit de l'étude des tribus modernes de sauvages, *par* M. TYLOR. — L'auteur s'attache à montrer la similitude des conditions de vie des sauvages des temps préhistoriques avec les sauvages modernes. Il poursuit cette similitude non-seulement sur le terrain de l'industrie et des coutumes, mais encore sur celui des croyances religieuses. Il trouve dans les rites funéraires des peuplades préhistoriques le témoignage de cette croyance à une seconde vie et aux esprits, qui règne encore de nos jours chez les sauvages.

Comme les barbares historiques de la Scythie et les sauvages actuels, les peuples préhistoriques enterraient auprès du cadavre de leurs chefs, des femmes, des esclaves, des armés, des parures, des instruments et des aliments. C'était pour que l'esprit du mort pût les avoir encore à sa disposition pendant la vie nouvelle qui allait commencer pour lui. La destination de ces offrandes n'est pas toujours facile à comprendre. Comment s'expliquer, en effet, la présence, près d'un cadavre, d'une tête de chien, ainsi qu'on l'a constaté dans un tumulus de la Suède? On peut, avec M. Nilsson, rapprocher ce fait de la coutume qu'ont les Esquimaux d'enterrer un chien auprès de leurs enfants, afin que le fidèle quadrupède puisse les guider jusqu'à la terre des esprits ; mais il est permis également de supposer qu'on a voulu conserver au mort pour sa vie nouvelle la possession d'un animal qui lui a servi pendant sa vie passée. En général, on peut dire que si les aliments sont séparés du corps et peuvent être atteints du dehors, ils sont destinés à l'esprit qui est censé hanter la sépulture et se nourrir de l'essence de ces offrandes. S'ils sont disposés comme un cortége ou comme une réserve de provisions, ils doivent lui servir d'escorte et d'approvisionnements pour le long voyage qu'il fera jusqu'à la terre lointaine des esprits. Mais cette suite pourra encore servir au mort pendant sa nouvelle vie, et la prévoyance va jusqu'à le doter d'une sorte de fonds de propriété ou de capital, tel que les prodigieuses accumulations de bijoux, meubles et aliments qu'on enterre lors des funérailles d'un roi de Siam. Dans tous les cas, des offrandes de ce genre impliquent chez les races préhistoriques l'existence de la croyance aux esprits, si répandue de nos jours chez les sauvages.

Sur les cercles de pierre, les tombes de

dalles brutes (cists) et les roches sculptées trouvés en Ecosse, *par* M. John Stuart. — M. Stuart considère tous les groupes de pierres levées comme des monuments funéraires, à cause des nombreuses excavations qu'on trouve dans leur voisinage. Ils ont peut-être eu en même temps une autre destination ; mais, à cet égard, il règne une complète incertitude. Les grands et les petits cercles de pierre sont de même origine et de même destination, tout comme les grands et les petits tombeaux. Quant aux *cists* (tombes faites de dalles de pierre) découverts dans l'Aberdeenshire, près d'Inverary, à Bishop-Mill, près d'Elgin, à Edderton, dans le Rosshire, ils renfermaient des squelettes, des urnes, des ossements calcinés et des fragments de silex. Bien que les corps ensevelis dans ces tombes n'aient pas été brûlés, on rencontre des fosses remplies de charbons et de matières brûlées qui paraissent se rattacher à ces groupes de *cists*. On a également trouvé sur certains points de grandes urnes remplies de fragments d'os humains et de débris osseux d'animaux, tels que le mouton, etc.

Partout en Ecosse, on trouve des exemples d'incinération des corps dans les cercles de pierre, dans les cists isolés, et dans les groupes d'urnes, ce qui prouve que cet usage funéraire s'est longtemps continué.

Quant aux sculptures que portent les pierres levées et les dalles dressées de l'Ecosse, l'auteur les considère comme d'une date antérieure à l'ère chrétienne.

Sur les Sarsden-stones, dans la vallée du White-Horse, en Berkshire, *par* M. Lewis. — Ces pierres levées sont disposées en lignes régulières sur 600 yards de longueur et 300 de largeur. Elles rappellent les alignements de Carnac et des Shetlands. Quand on considère la ressemblance qu'offre leur disposition avec celle des pierres plus petites qu'on emploie dans l'Inde pour les sacrifices, on a peine à comprendre que ces deux ordres de monuments puissent être l'œuvre de deux races complétement étrangères l'une à l'autre, et avoir des destinations différentes.

Sur l'âge et la destination des pierres levées de Stonehenge, *par* Sir John Lubbock. — Le nom de Stonehenge, « place des pierres », n'a pu être donné à cet emplacement que par des peuples qui ignoraient l'origine et la destination de ces monuments ; sans cela, ils leur eussent donné une désignation plus explicite. On ne sait à quel peuple en attribuer la construction. Cependant, comme à trois ou quatre milles de là, on rencontre groupés trois ou quatre cents tumuli de l'âge du bronze, il est probable que c'est à cet âge qu'appartiennent les pierres levées de Stonehenge.

Sur les roches sculptées trouvées dans diverses parties du monde, *par* M. Hoddes-Westropp. — L'homme primitif devait avoir, comme le sauvage actuel, le talent d'imitation et les patients amusements de l'enfant qui passe des heures entières à racler et à entailler un bâton, à construire des miniatures de murs et de maisons, et à tracer des dessins sur le sol. Les sauvages actuels mettent des années à sculpter leur massue ou à polir leur hache de pierre. Il est donc naturel d'attribuer ces sculptures à des peuples pasteurs qui, pour supporter l'oisiveté des longues journées passées à garder leurs troupeaux, s'amusaient à représenter sur les roches le soleil, la lune, les objets et les animaux du voisinage. Peut-être que ces sculptures n'appartiennent pas toutes à cette phase pastorale de l'humanité, et que les plus grossières sont dues aux peuples chasseurs, qui ont dû précéder les peuples pasteurs.

Sur les antiquités des îles du Pacifique et de la mer du Sud, *par* M. J.-W. LAMPREY. — L'auteur attribue une haute ancienneté aux idoles, statues et monuments qui font l'objet de ses descriptions, car si elles étaient dues aux ancêtres des insulaires actuels, ces derniers auraient singulièrement dégénéré; d'ailleurs, ils n'ont conservé aucune tradition relative à l'origine de ces monuments. M. Huxley, ayant pu constater, en lisant les relations des voyageurs, que ces insulaires savaient très-bien élever de grands monuments, et tailler avec leurs haches de pierre les roches de coraux d'où ils tirent leurs matériaux, ne croit pas que ces monuments soient fort anciens. Quant à la perte de tout souvenir se rattachant à leur destination, il ne faut pas s'en étonner chez des peuples que désolent la guerre et la famine.

M. Stevens, le président, se rallie à l'opinion de M. Huxley.

Des pierres taillées trouvées près du cap de Bonne-Espérance, en Afrique, *par* M. BUSK. — Ces grossières ébauches d'instruments offrent la forme de têtes de flèches et de grattoirs; elles sont constituées par des roches qui fournissent les galets de la plage. On les a trouvées à cinq milles environ de Cape-town, enfouies dans des sables mouvants qui leur ont donné un beau poli, et associées à des fragments de poteries, ainsi qu'à des pierres rondes destinées à écraser le grain. Ce dernier usage paraît être inconnu aux Hottentots qui vivent dans cette région.

Crânes et ossements humains trouvés associés à des poteries, à des haches et

autres pierres travaillées, dans des cavernes du Portugal, *par* M. DELGADO. — L'une des haches polies est de fibrolite, et les amulettes de pierre portent les ornements en zigzag caractéristiques de l'époque du bronze.

Silex taillés mêlés à des coquilles et à des restes de mammifères dans la forêt submergée de Barnstaple, dans le nord du Devonshire, *par* M. ELLIS. — M. Evans cite à ce sujet la présence, sur les côtes d'Angleterre, de véritables *kjok-kenmoddings*. Ces *rebuts de cuisine* se retrouvent en Angleterre, entre les lignes de hautes et basses eaux de la mer, ce qui semble indiquer qu'il s'est produit depuis leur formation un certain affaissement de la côte. M. Waddington rappelle que, dans les tertres de l'Amérique du Nord, on trouve le même mélange de silex taillés et de coquilles ; et M. Ellis, revenant sur la conclusion de M. Evans, signale comme un fait bien connu l'empiétement de la mer sur les côtes septentrionales du Devonshire, empiétement qu'on n'arrête que par des travaux artificiels.

Distribution actuelle des races humaines, et inductions qu'on en peut tirer relativement à leur ancienneté, *par* M. HUXLEY. — Après avoir déclaré d'abord qu'en se servant du mot *race*, il n'entendait nullement préjuger la question de l'unité de l'espèce humaine, il divise les hommes en quatre groupes primaires ou races : 1° la race *australoïde*, au teint chocolat, aux yeux noirs, aux cheveux lisses, ondulés et doux, au crâne allongé ; 2° la race *negroïde*, à la peau presque noire, aux yeux noirs, aux cheveux ordinairement noirs, crépus et laineux, et au crâne allongé ; 3° la race *mongoloïde*, au teint jaune ou olivâtre, aux yeux noirs, aux cheveux noirs et plats et au crâne court; 4° la race *xantochroïde* aux cheveux blonds, aux yeux bleus, à la taille haute, et au crâne tantôt long, comme chez les Scandinaves, tantôt court, comme chez les Allemands.

La *race australoïde* a son quartier général en Australie, où M. Huxley a pu l'étudier sur place et observer son isolement. Mais on retrouve chez les tribus montagneuses du Deccan, dans l'Inde, une population absolument semblable aux Australiens. Or, cette contrée du Deccan est séparée de l'Asie par une dépression alluviale, et il ne faudrait qu'un affaissement de 1 000 pieds (très insignifiant aux yeux des géologues) pour en faire une île séparée du continent asiatique comme l'Australie. Enfin, en Egypte, il y a un peuple qui, bien que se rapprochant des Australiens à un degré moindre, doit néanmoins rentrer dans ce groupe australoïde, et c'est à cette population qu'appartenaient les anciens Egyptiens, ainsi que le prouvent les portraits trouvés sur leurs monuments primitifs. Tels sont les lambeaux de races australoïdes, séparés aujourd'hui par d'immenses intervalles.

La *race mongoloïde*, la plus largement représentée de toutes, occupe l'Asie centrale, où son type le plus pur paraît se retrouver chez les Kalmouks et les Tartares; elle s'étend dans les régions polaires, chez les Lapons, chez les Esquimaux, et enfin peuple les deux Amériques. La diffusion de ce type s'explique naturellement par des émigrations auxquelles ne mettaient obstacle aucune des barrières géographiques qui séparent les représentants de la race australoïde. La race mongoloïde a en outre peuplé toutes les îles de l'océan Pacifique qui s'étendent de la terre de Van-Diemen à la Nouvelle-Guinée, et des îles Sandwich à la Nouvelle-Zélande.

La *race xanthocroïde*, dont on trouve déjà le type fidèlement reproduit par les anciens monuments égyptiens, s'étend des îles Britanniques aux frontières de la Chine. Les historiens de ce dernier pays ont pu comparer aux singes les représentants de cette race, avec leurs yeux bleus et leur grand nez; comparaison que nous retournons quelquefois aux chinois, justement à cause de la petitesse de leur nez. Il existe aussi des représentants de ce type en Syrie.

La *race négroïde* a une distribution géographique très-remarquable. Son quartier général se trouve dans l'Afrique centrale et méridionale, où existent depuis des temps immémoriaux les nègres, parmi lesquels il faut distinguer deux types : le nègre ordinaire au crâne long, aux yeux noirs et aux cheveux laineux, et le petit peuple à teint plus clair, appelé Bushmen. On trouve aussi des négroïdes à Madagascar; mais, à partir de là, il faut aller jusqu'à la presqu'île de Malacca, pour les retrouver chez les Lemangs, peuple de petite taille et à la tête large.

Dans les îles Philippines, on trouve encore un peuple négroïde, les Ahètes, qui s'éteint rapidement. Quand on franchit la *ligne de Wallace*, l'élément nègre augmente de plus en plus, et l'on arrive à la population de la Nouvelle-Guinée, connue sous le nom de *negrito*, qui est entièrement négroïde, de même que celle de la Nouvelle-Calédonie. Au delà, les îles sont habitées par des peuples polynésiens, et par conséquent mongoloïdes.

Quand on cherche à expliquer une pareille distribution des races à la surface du globe, on arrive aisément à se rendre compte de l'extension de la race xanthocroïde et des migrations qui ont répandu la race mongoloïde depuis la Laponie jusqu'au cap Horn, comme aussi de celles qui l'ont répartie sur les îles de la Polynésie. Il n'en est plus de même pour les races négroïdes et australoïdes, dont les lambeaux sont séparés par de grands intervalles, et sont respectivement alignés suivant deux directions qui se coupent l'une l'autre. On ne peut expliquer leur distribution par des émigrations, d'autant que si les ancêtres des Australiens avaient jamais su construire un canot, leurs descendants en feraient encore, car l'art de la navigation ne se perd pas.

Les australoïdes et les négroïdes n'ont jamais émigré, car ils auraient laissé des jalons intermédiaires entre leurs principales stations. D'ailleurs, à cette curieuse distribution de ces deux races correspond une distribution toute pareille des animaux, et la ligne de Wallace sépare également les faunes. A l'époque récente (géologiquement parlant) où le Sahara était une mer communiquant avec la Méditerranée, le nègre d'Afrique était cantonné dans son île, ce qui explique son aire restreinte, et met en évidence la haute antiquité de l'espèce humaine, puisque le nègre est plus ancien que les derniers grands changements terrestres. La même chose à dû se passer pour les *negritos* et les Australiens. La distribution actuelle de ces races doit résulter des grands changements survenus dans la répartition relative des continents et des mers, car c'est ainsi seulement qu'on peut l'expliquer.

—M. Wallace a toujours pensé que les Papous de la Nouvelle-Guinée avaient quelque affinité avec les nègres, et il est heureux de s'associer sur ce point aux vues de M. Huxley. Il n'y a, en effet, entre la Nouvelle-Guinée et l'Australie, qu'un bras de mer profond tout au plus de cent brasses, et les animaux qui habitent ces deux îles sont semblables, ce qui force d'admettre qu'elles ont été autrefois réunies. Mais, entre la Nouvelle-Guinée et l'Afrique, il y a un Océan profond, et les faunes de ces deux régions sont différentes, ce qui recule beaucoup plus l'époque de leur séparation, et cependant les hommes de la Nouvelle-Guinée se rapprochent plus de ceux d'Afrique que de ceux d'Australie. Ce n'est donc point une seule série de changements géographiques qui pourra rendre compte de distributions pareilles, et il faudra reculer l'ancienneté de la race des Papous bien au delà des grands phénomènes qui ont provoqué la séparation de l'Australie et de la Nouvelle-Guinée.

— M. Tylor trouve, dans la répartition géographique des langues, de forts arguments en faveur des idées de M. Huxley.

— M. Hooker remarque, au contraire, que les divisions ethnologiques établies par M. Huxley ne concordent pas avec les divisions botaniques du globe.

— M. Busk avoue que, pour pouvoir suivre M. Huxley dans sa classification, il faudrait d'abord renoncer aux idées généralement répandues aujourd'hui sur l'importance prédominante des caractères tirés de l'étude du squelette dans la séparation des races humaines.

Sur les crânes humains trouvés dans les cavernes de Windmill, à Gibraltar, associés à des instruments d'os et de pierre; sur les crânes et autres ossements humains provenant d'une sépulture des chasseurs de renne du Périgord, trouvés en France avec des débris d'éléphant et du lion des cavernes, *par* M. Louis Lartet. — M. Broca décrit avec soin ces crânes et les autres ossements qui les accompagnent, en les comparant à ceux de Gibraltar et en relevant plusieurs ressemblances entre les caractères anatomiques fournis par ces deux races, notamment en ce qui concerne la forme dite *en lame de sabre* des tibias, qui, d'après lui, ne peut être mise sur le compte du rachitisme.

Sur les modes de sépulture usités en Angleterre aux époques des Romano-Bretons et des Anglo-Saxons, *par* M. G. ROLLESTON. — Ces temps sont préhistoriques pour l'Angleterre, bien qu'ils ne le soient pas pour d'autres pays. L'auteur décrit cinq modes principaux de sépultures, dont deux sont attribués aux Romano-Bretons et trois aux Anglo-Saxons. Les deux premiers consistaient à mettre le corps dans un coffre de chêne muni de clous et d'anneaux, qu'on recouvrait de silex, de coquilles, de tessons de vases et de cailloux; ou à l'enfermer dans un cercueil de plomb muni d'un couvercle. Quant aux Anglo-Saxons, ils brûlaient leurs corps ou les enfermaient dans des urnes, où l'on trouvait parfois des ossements, et qui sont enfoncés à dix-huit pouces au plus de profondeur dans le sol; ou bien encore ils les mettaient dans des fosses profondes garnies de tuiles romaines, en imitant les Romano-Bretons.

— M. Lame Fox fait remarquer que les lances qu'on trouve dans les tombes anglo-saxonnes et franques ont leur tige sillonnée de traits alternatifs, destinés à leur donner un mouvement rotatoire au moment de la projection. C'est dans le même but que les sauvages de nos jours garnissent leurs flèches d'empennures spirales. La forme de ces têtes de lances et de flèches se retrouve dans l'Himalaya, dans les haches des Khonds de l'Asie centrale, et surtout chez les nègres et chez toutes les tribus africaines qui travaillent le fer; de telle sorte qu'on est tenté de se demander si ce type de lance ne dérive pas des races qui ont les premières travaillé le fer.

Sur l'industrie métallique du fer dans le Weald, *par* M. BOYD DAWKINS.

Sur la fabrication des instruments de pierre dans les temps préhistoriques, *par*

M. Evans. — L'auteur passe d'abord en revue les procédés dont se servent les sauvages actuels et ceux qu'on a employés dans l'industrie de la taille des pierres à fusil ; il établit qu'on peut tailler le silex aussi bien avec un caillou qu'avec le meilleur marteau d'acier. Les Mexicains, pour fabriquer ces couteaux si réguliers qui leur servent de rasoirs, prennent entre leurs pieds un morceau d'obsidienne, contre lequel ils pressent fortement avec un bâton de bois dur appuyé contre leur poitrine, et ils en détachent ainsi des éclats par la simple pression. Dans l'Amérique du Nord, on retaille les pointes des flèches sur leurs bords avec un instrument composé d'un morceau de corne ou de bois dur adapté à un bâton ; M. Evans a pu, à l'appui de sa démonstration, retailler très-aisément quelques éclats de silex, devant l'assemblée, à l'aide de cet instrument. Les peuples préhistoriques paraissent s'être surtout servis de morceaux de pierre pour tailler leurs instruments ; ils les polissaient sur des pierres à aiguiser fixées et non mobiles ; ils les sciaient avec des scies de silex ; enfin, ils les perçaient avec un bâton, du sable et de l'eau. Le progrès de cette industrie, bien qu'il n'ait pas été universellement uniforme aux divers âges, est cependant manifeste, si l'on compare les élégants marteaux-haches et les flèches délicatement festonnées de l'âge du bronze avec les flèches à peine ébauchées de l'âge paléolithique. On peut le suivre dans tous ces âges : dans l'âge paléolithique, les instruments sont simplement taillés et presque tous de silex ; dans celui des cavernes de l'âge du renne, les silex sont mieux taillés et déjà retaillés. Dans l'âge néolithique, les haches, souvent polies et aiguisées, rarement perforées, sont empruntées à des roches diverses. On connaissait, sans doute, aussi l'art de faire éclater le silex par la pression. Enfin, dans l'âge du bronze, les haches sont élégantes et souvent perforées ; les têtes de flèches sont retaillées avec une grande perfection.

Sur quelques sépultures préhistoriques de l'Algérie, *par* M. Flower. — Ce sont des dolmens et des cromlechs fort semblables à ceux qu'on rencontre en Europe, et dans lesquels les cadavres étaient déposés dans la posture assise.

Sur les sépultures préhistoriques de la Bretagne, *par* M. Flower.

Sur les découvertes, faites dans les sablières quaternaires des environs de Paris, de silex taillés et d'ossements de grands mammifères, *par* M. Reboux.

Sur la découverte des haches de quarzite du type du drift, et semblables à celles qu'on trouve à Saint-Acheul, et dans le dépôt à latérites de Madras, dans l'Inde, *par* M. Bruce Foote. — M. Flower constate, d'après la description de M. Bruce Foote, que ces instruments étaient enfouis dans un dépôt erratique qui n'a pu être formé que lorsque les rivières du pays avaient un niveau beaucoup supérieur à leur niveau actuel.

— Sir Walter Elliot décrit quelques anciennes sépultures de l'Inde méridionale, et met sous les yeux du congrès les objets qui en proviennent.

— M. Fitch, le shérif de Norwich, montre au congrès sa magnifique collection de silex taillés du Norfolk et du Suffolk, dont les principaux types viennent de Santon, Downham, Thetford, Hoxne, etc...

Sur les anciens instruments de pierre du Japon, *par* M. FRANKS. — Ces instruments proviennent en majeure partie de la région septentrionale de la grande île de Nippon, et les Japonais les regardent comme des reliques de la période mythologique des *Kâmies* ou des esprits. Ces pierres taillées, dont Siebold a publié le premier quelques spécimens, sont en général des têtes de flèches barbelées, de silex, de jaspe ou d'obsidienne, des têtes de lances en forme de broche, des conteaux, des grattoirs et des haches de basalte ou de jade. Les haches sont considérées comme des *pierres de foudre*, et les flèches, beaucoup plus communes, comme les armes des légions d'esprits qui traversent le pays pendant les orages. Ces idées surnaturelles prouvent que leur usage se rattache aux temps préhistoriques du Japon, bien que d'anciennes chroniques japonaises fassent mention d'armes de pierre des contrées voisines, apportées en tribut au Mikado. En Chine, les instruments de pierre sont plus rares qu'au Japon ; mais les anciennes chroniques chinoises font également mention de l'usage de têtes de flèches chez des tribus limitrophes, comme d'une coutume très-singulière.

Sur les mammifères associés à l'homme préhistorique, *par* M. BOYD DAWKINS. — D'après l'auteur, lorsque l'homme est apparu dans nos régions, les conditions physiques de l'Europe étaient fort différentes de ce qu'elles sont de nos jours : la Grande-Bretagne faisait partie du continent, et ses plaines fertiles s'étendaient au loin dans l'Atlantique, bien au delà de ses côtes actuelles. La Tamise, au lieu de couler dans la mer allemande, allait rejoindre l'Elbe et le Rhin dans un estuaire qui s'ouvrait dans la mer du Nord, vers la latitude de Berwick. Le climat était sévère comme celui de la Sibérie, et l'on pourrait croire, d'après cela, que les animaux qui vivaient sur ce vaste continent pléistocène étaient différents de ceux qui habitent de nos jours le reste de cette terre à demi submergée. Il n'en est pas ainsi. Quelques-uns seulement d'entre eux, tels que le lion, l'ours des cavernes, l'élan à défense, le mammouth, l'hippopotame, le rhinocéros velu, ont entièrement disparu, et d'autres, comme le glouton, le renne, le véritable élan, le bœuf musqué, la marmotte et le lemming ont émigré vers le Nord, tandis que le lion et l'hyène des cavernes se sont retirés, l'un en Afrique, l'autre en Asie. L'auteur classe ainsi les périodes dont il s'agit :

Période préglaciaire (époque du *Rhinocéros etruscus*).

Période glaciaire (*Boulder Clay*).

Période postglaciaire (époque du mammouth).

Période préhistorique (époque de la chèvre, du bœuf à courtes cornes et du mouton).

Sur la courbure des défenses du mammouth découvert à Ilford, comparée à celle des défenses du mammouth de Sibérie, *par* M. Henry Woodward.

Sur les monuments ogham des Gaedhal (Gaels), *par* M. Richard-Robert Brash. — L'auteur considère ces pierres couvertes d'incisions, qui paraissent être de véritables caractères, comme des monuments funéraires ou des pierres limites datant d'une époque antérieure à l'ère chrétienne, et dus probablement à des peuples originaires d'Espagne. M. Lane Fox regarde ces monuments comme préhistoriques, et pense que ces caractères primitifs dérivent des marques que les sauvages font sur leurs flèches. M. Tylor signale de grandes différences entre l'alphabet ogham et tous les alphabets connus.

Sur l'âge du renne dans le Mâconnais, *par* MM. de Ferry *et* Arcelin.

TABLE DES MATIÈRES

FIN DE LA TABLE DES MATIÈRES.

TABLE DES NOMS D'AUTEURS

FIN DE LA TABLE DES NOMS D'AUTEURS.